U0958788

全国环境影响评价工程师
职业资格考试

环境影响评价技术导则与标准

参考答案及解析

押题模拟答案分册

押题模拟试卷（一）~（四）

押题模拟试卷（一）

一、单项选择题

1. A 【解析】A项错误，生态环境标准是国家环境保护法规的重要组成部分。

2. B 【解析】环境影响因素识别是列出建设项目的直接和间接行为，结合建设项目所在区域发展规划、环境保护规划、环境功能区划、生态功能区划及环境现状，分析可能受上述行为影响的环境影响因素。

3. C 【解析】根据环境影响评价范围内各环境要素的环境功能区划确定各评价因子适用的环境质量标准及相应的污染物排放标准。

4. D 【解析】根据《建设项目环境影响评价技术导则　总纲》，环境影响评价原则包括依法评价、科学评价和突出重点。

5. D 【解析】根据《建设项目环境影响评价技术导则　总纲》，建设项目在进行环境影响预测和评价时，须考虑环境质量背景与环境影响评价范围内在建项目同类污染物环境影响的叠加。

6. C 【解析】根据《建设项目环境影响评价技术导则　总纲》，预测和评价的因子应包括反映建设项目特点的常规污染因子、特征污染因子和生态因子，以及反映区域环境质量状况的主要污染因子、特殊污染因子和生态因子。

7. C 【解析】大气环境三级评价工作分级判据为：$P_{max}<1\%$。

8. B 【解析】大气污染源距离厂界最近距离为500m，最远影响距离为800m，即$D_{10\%}$不小于污染源距厂界最近距离，$P_{max}=20\%>1\%$，两个条件都不满足三级评价；一级评价两个条件是“且”的关系，肯定不是一级评价；二级评价判定的条件为三级和一级以外的其他条件，故为二级评价。

9. A 【解析】对于建成后全厂的主要污染物排放总量都有明显减少的改、扩建项目，评价等级可低于一级。

10. A 【解析】根据《环境影响评价技术导则　大气环境》，厂界外预测网格分辨率不应超过50m。

11. D 【解析】根据《环境影响评价技术导则　大气环境》，污染源从排放形式上可分为点源（含火炬源）、面源、线源、体源、网格源5类。

12. C 【解析】根据《环境影响评价技术导则　大气环境》，高空气象资料应获取最少3个站点的测量或模拟气象数据。

13. A 【解析】根据《环境影响评价技术导则　大气环境》，编制环境影响报告书的项目在采用估算模型计算评价等级时，应输入地形参数。

14. D 【解析】根据《环境影响评价技术导则　大气环境》，同一项目有多个污染源时，则按各污染源分别确定评价等级，并取评价等级最高者作为项目的评价等级。

15. B 【解析】河流、河口、湖泊、水库的一级评价，若评价时间不够，至少应调查丰水期和枯水期。

16. A 【解析】海湾的一、二、三级评价都应调查大潮期或小潮期。

17. A 【解析】从“多年平均流量为 $13m^3/s$”可判断此河为小河。而小河在取样断面的主流线上设1条取样垂线。

18. C 【解析】根据《环境影响评价技术导则 地表水环境》，对于大、中型湖泊、水库，当平均水深≥10m时，在水面下0.5m及斜温层以下，距底0.5m以上处各取1个水样。

19. B 【解析】河流的断面宽深比≥20时，可视为矩形河流；河段最大弯曲系数>1.3时，可视为弯曲河流，否则可以简化为平直河流。

20. C 【解析】大、中河流一、二级评价，且排放口下游3～5km有集中取水点式或其他特别重要的环保目标时，均应采用二维及三维模式预测混合过程段水质。因此，该项目混合过程的水质最低选用二维模式。

21. A 【解析】污染源简化包括排放形式的简化和排放规律的简化。根据污染源的具体情况排放形式可简化为点源和面源，排放规律可简化为连续恒定排放和非连续恒定排放。在地表水环境影响预测中，通常可以把排放规律简化为连续恒定排放。

22. D 【解析】根据《环境影响评价技术导则 地下水环境》，Ⅰ类和Ⅱ类建设项目，分别根据其对地下水环境的影响类型、建设项目所处区域的环境特征及其环境影响程度划定评价工作等级。

23. D 【解析】地下水二级评价项目，需掌握评价区评价期内至少一个连续水文年的枯、丰水期的地下水动态变化特征。

24. B 【解析】地下水污染源调查因子应根据拟建项目的污染特征选定。

25. B 【解析】Ⅱ类建设项目应重点依据地下水流场变化，评价地下水水位（水头）降低或升高诱发的环境水文地质问题的影响程度和范围。

26. D 【解析】同一敏感点既受到固定声源影响，又受到流动声源影响时，应进行叠加环境影响评价。

27. A 【解析】运行期声源为流动声源时，将工程预测的代表性时段（一般分为运行近期、中期、远期）分别作为环境影响评价时段。

28. A 【解析】稳态噪声测量1min的等效连续A声级。工业噪声属于稳态噪声。

29. B 【解析】建设项目所处声环境功能区为《声环境质量标准》规定的1类、2类地区，应按二级评价进行工作。1类区指适用于以居住、医疗卫生、文化教育、科研设计、行政办公为主的地区；2类区指适用于商业金融、集市贸易为主的地区，或者居住、商业、工业混杂区。

30. A 【解析】对敏感目标，二级评价以实测为主，可适当利用评价范围内已有的声环境质量监测资料；三级评价，可利用评价范围内已有的声环境质量监测资料，若无现状监测资料时应进行实测。

31. B 【解析】该项目位于1类区，按二级评价开展工作；项目建设前后敏感目标噪声级增高量为2dB（A）<3dB（A），按三级评价开展工作。但在确定评价工作等级

时，建设项目符合两个以上级别的划分原则，应按较高级别的评价等级评价，故为二级评价。

32. B 【解析】一级评价项目在缺少声源源强的相关资料时，应通过类比测量取得，并给出类比测量的条件。

33. A 【解析】对于通过城镇建成区和规划区的路段，还应分析建设项目与敏感目标间的距离是否符合城市规划部门提出的防噪声距离的要求。

34. A 【解析】自然保护区、世界文化和自然遗产地属特殊生态敏感区。特殊生态敏感区的项目，不管工程占地多大，评价等级都为一级。

35. C 【解析】原始天然林属重要生态敏感区，而且该拟建水库占地 $2km^2$ （$\leqslant 2km^2$），因此其生态影响工作等级为三级。

36. B 【解析】工程分析时段应涵盖勘察期、施工期、运营期和退役期，以施工期和运营期为调查分析的重点。

37. C 【解析】在有敏感生态保护目标（包括特殊生态敏感区和重要生态敏感区）或其他特别保护要求对象时，应做专题调查。

38. A 【解析】对影响区域生态敏感性的调查，如涉及特殊生态敏感区和重要生态敏感区时，应逐个说明其类型、等级、分布、保护对象、功能区划、保护要求等。

39. C 【解析】生态机理分析法是根据建设项目的特点和受其影响的动、植物的生物学特征，依照生态学原理分析、预测工程生态影响的方法。

40. C 【解析】凡涉及不可替代、极具价值、极敏感、被破坏后很难恢复的敏感生态保护目标（如特殊生态敏感区、珍稀濒危物种）时，必须提出可靠的避让措施或生境替代方案。

41. B 【解析】环境敏感区是指依法设立的各级各类保护区域和对规划实施产生的环境影响特别敏感的区域，主要包括生态保护红线范围内或者其外的下列区域：①自然保护区、风景名胜区、世界文化和自然遗产地、海洋特别保护区、饮用水水源保护区；②永久基本农田、基本草原、森林公园、地质公园、重要湿地、天然林、野生动物重要栖息地、重点保护野生植物生长繁殖地、重要水生生物自然产卵场、索饵场、越冬场和洄游通道、天然渔场、水土流失重点预防区、沙化土地封禁保护区、封闭及半封闭海域；③以居住、医疗卫生、文化教育、科研、行政办公等为主要功能的区域，以及文物保护单位。

42. D 【解析】根据《规划环境影响评价技术导则　总纲》，评价范围有：①按照规划实施的时间维度和可能影响的空间尺度来界定评价范围。②时间维度上，应包括整个规划期，并根据规划方案的内容、年限等选择评价的重点时段。③空间尺度上，应包括规划空间范围以及可能受到规划实施影响的周边区域。周边区域确定应考虑各环境要素评价范围，兼顾区域流域污染物传输扩散特征、生态系统完整性和行政边界。

43. A 【解析】根据《规划环境影响评价技术导则　产业园区》，评价总体原则有：①全程互动；②统筹协调；③协同联动；④突出重点。

44. D 【解析】规划协调性分析包括：①与上位和同层位规划的协调性分析；②与“三线一单”的符合性。选项 A、B、C 属于规划概述的内容。

45. D 【解析】一级环境风险评价应按本标准对事故影响进行定量预测，说明影响范围和程度，提出防范、减缓和应急措施。

46. C 【解析】评价工作程序的基本内容：①风险识别；②源项分析；③后果计算；④风险计算和评价；⑤风险管理。

47. C 【解析】工程验收调查重点包括：①核查实际工程内容及方案设计变更情况；②环境敏感目标基本情况及变更情况；③实际工程内容及方案设计变更造成的环境影响变化情况；④环境影响评价制度及其他环境保护规章制度执行情况；⑤环境影响评价文件及环境影响评价审批文件中提出的主要环境影响；⑥环境质量和主要污染因子达标情况；⑦环境保护设计文件、环境影响评价文件及环境影响评价审批文件中提出的环境保护措施落实情况及其效果、污染物排放总量控制要求落实情况、环境风险防范与应急措施落实情况及有效性；⑧工程施工期和试运行期实际存在的及公众反映强烈的环境问题；⑨验证环境影响评价文件对污染因子达标情况的预测结果；⑩工程环境保护投资情况。

48. A 【解析】原则上采用建设项目环境影响评价阶段经环境保护部门确认的环境保护标准与环境保护设施工艺指标进行验收，对已修订新颁布的环境保护标准应提出验收后按新标准进行达标考核的建议。

49. B 【解析】现场勘察全面覆盖项目建设所涉及的区域，勘察区域与勘察对象应基本能覆盖建设项目所涉及区域的 80%以上。

50. A 【解析】建设项目环境影响评价技术导则由总纲、专项环境影响评价技术导则和行业建设项目环境影响评价技术导则构成，专项环境影响评价技术导则包括环境要素和专题两种形式。B、C、D 三项均为行业建设项目环境影响评价技术导则。

51. B 【解析】根据《环境空气质量标准》(GB 3095—2012)，PM_{10}二级标准 24h 平均浓度限值为 $150\mu g/m^3$。

52. A 【解析】工业生产尾气的烟气黑度不得超过林格曼 1 级。

53. A 【解析】集中式生活饮用水地表水源地二级保护区内执行《地表水环境质量标准》Ⅲ类标准。《地表水环境质量标准》的Ⅰ、Ⅱ类和Ⅲ类水域中划定的保护区内，禁止新建排污口。

54. D 【解析】总氮的监测分析方法是碱性过硫酸钾消解紫外分光光度法。

55. C 【解析】第一类污染物（总汞、烷基汞、总镉、总铬、六价铬、总砷、总铅、总镍、苯并[a]芘、总铍、总银、总 α 放射性、总 β 放射性）只能在车间或车间处理设施排放口采样。

56. B 【解析】污水排放企业排放的总铬和六价铬最高允许排放浓度是 1.5mg/L 和 0.5mg/L。

57. C 【解析】Ⅲ类地下水以人体健康基准值为依据，主要适用于集中式生活饮用水水源及工、农业用水。

58. D 【解析】商业金融属于 2 类声环境功能区。2 类声环境功能区执行的环境噪声昼夜标准值分别是 60dB（A）、50dB（A）。

59. C 【解析】《城市区域环境振动标准》适用于连续发生稳态振动、冲击振动和无规则振动的情况，也规定每日发生几次的冲击振动，其最大值昼间不允许超过标准值 10dB，夜间不超过 3dB。

60. C 【解析】1 类声环境功能区执行厂界环境噪声排放限值分别是昼间 55dB（A）、夜间 45dB（A）。

61. B 【解析】建筑施工场界环境噪声排放限值分别为昼间≤70dB（A），夜间≤55 dB（A）。

62. B 【解析】集镇属于 2 类声环境功能区，则该娱乐场所执行的噪声排放限值分别是昼间 60dB（A）、夜间 50dB（A）。

63. C 【解析】Ⅰ类主要适用于国家规定的自然保护区、集中式生活饮用水水源地、茶园、牧场和其他保护地区的土壤，土壤质量基本上保持自然背景水平。

64. C 【解析】土壤环境质量标准分级共分为三级，分别是一级标准、二级标准、三级标准。其中：一级标准为保护区域自然生态，维护自然背景的土壤环境质量的限制值（Ⅰ类土壤环境质量执行一级标准）；二级标准为保障农业生产，维护人体健康的土壤限制值（Ⅱ类土壤环境质量执行二级标准）；三级标准为保障农林生产和植物正常生长的土壤临界值（Ⅲ类土壤环境质量执行三级标准）。矿产附近等地的农田土壤属于Ⅲ类土壤，应执行三级标准。

65. B 【解析】新建成使用（含扩建、改造）单台容量≥14MW（20t/h）的锅炉，必须安装固定的连续监测烟气中烟尘、SO_2排放浓度的仪器。

66. D 【解析】根据我国大气污染物排放标准，综合性排放标准与行业排放标准不可交叉执行。

67. A 【解析】《生活垃圾填埋场污染控制标准》适用于生活垃圾填埋场建设、运行和封场后的维护与管理过程中的污染控制和监督管理；其部分规定也适用于与生活垃圾填埋场配套建设的生活垃圾转运站的建设、运行。

68. D 【解析】生活垃圾填埋场应采取甲烷减排措施；当通过导气管道直接排放填埋气体时，导气管排放口的甲烷的体积分数应不大于 5%。

69. D 【解析】生活垃圾填埋场场址的选择应避开的区域：破坏性地震及活动构造区；活动中的坍塌、滑坡和隆起地带；活动中的断裂带；石灰岩溶洞发育带；废弃矿区的活动塌陷区；活动沙丘区；海啸及涌浪影响区；湿地；尚未稳定的冲积扇及冲沟地区；泥炭以及其他可能危及填埋场安全的区域。

70. C 【解析】《生活垃圾填埋场污染控制标准》规定了生活垃圾填埋场选址、设计与施工、填埋废物的入场条件、运行、封场、后期维护与管理的污染控制和监测等方面的要求；适用于生活垃圾填埋场建设、运行和封场后的维护与管理过程中的污染控制和监督管理。本标准的部分规定也适用于与生活垃圾填埋场配套建设的生活垃圾转运站的建设、运行。

71. A 【解析】可以直接进入生活垃圾填埋场填埋处置的废物有：①由环境卫生机构收集或者自行收集的混合生活垃圾，以及企事业单位产生的办公废物；②生活垃圾焚烧炉渣（不包括焚烧飞灰）；③生活垃圾堆肥处理产生的固态残余物；④服装加工、食品加工以及其他城市生活服务行业产生的性质与生活垃圾相近的一般工业固体废物。

72. A 【解析】生活垃圾渗滤液排放控制项目包括：色度（稀释倍数）、化学需氧量（COD）、生化需氧量（BOD_5）、悬浮物（SS）、总氮、氨氮、总磷、粪大肠菌群数、总汞、总镉、总铬、六价铬、总砷、总铅。

73. D 【解析】危险废物贮存设施（仓库式）的设计原则包括：①地面与裙脚要用坚固、防渗的材料制造，建筑材料必须与危险废物兼容；②必须有泄漏液体收集装置、气体导出口及气体净化装置；③设施内要有安全照明设施和观察窗口；④用以存放装载液体、半固体危险废物容器的地方，必须有耐腐蚀的硬化地面，且表面无缝隙；⑤应设计堵截泄漏的裙脚，地面与裙脚所围建的容积不低于堵截最大容器的最大储量或总储量的1/5；⑥不兼容的危险废物必须分开存放，并设有隔离间隔断。

74. A 【解析】危险废物贮存设施的场界应位于居民区800m以外，地表水域150m以外。

75. B 【解析】危险废物贮存设施应选在地质结构稳定，地震烈度不超过7度的区域内。

76. A 【解析】B项错误，填埋场距飞机场、军事基地的距离应在3 000m以上；C项错误，填埋场场址的选择应进行环境影响评价，并经环境保护主管部门批准；D项错误，填埋场场界应位于居民区800m以外，并保证在当地气象条件下对附近居民区大气环境不产生影响。

77. D 【解析】《危险废物焚烧污染控制标准》适用于除易爆和具有放射性以外的危险废物焚烧设施的设计、环境影响评价、竣工验收以及运行过程中的污染控制管理。

78. A 【解析】新建集中式危险废物焚烧厂焚烧炉排气筒周围半径200m内有建筑物时，排气筒高度必须高出最高建筑物5m以上。

79. B 【解析】一般工业固体废物贮存场、处置场分为Ⅰ类场和Ⅱ类场。

80. A 【解析】当Ⅰ类场天然基础层饱和渗透系数不大于1.0×10^{-5}cm/s，且厚度不小于0.75m时，可以采用天然基础层作为防渗衬层。

二、不定项选择题

81. ACD 【解析】地方环境标准由省、自治区、直辖市人民政府制定。自治州人民政府不是省级政府机构，属于地市级。

82. ACD 【解析】根据《建设项目环境影响评价技术导则　总纲》，环境影响报告书编制要求中的附录和附件应包括项目依据文件、相关技术资料、引用文献等。

83. ABC 【解析】D项错误，对以生态影响为主的建设项目应提出生态监测方案，对存在较大潜在人群健康风险的建设项目应提出环境跟踪监测计划。

84. BD 【解析】根据《建设项目环境影响评价技术导则　总纲》，环境影响报告表可根据工程特点、环境特征，有针对性突出环境要素或设置专题开展评价。

85. ABD 【解析】根据《建设项目环境影响评价技术导则 总纲》，环境影响评价工作一般分为三个阶段，即调查分析和工作方案制定阶段、分析论证和预测评价阶段、环境影响报告书（表）编制阶段。

86. ABC 【解析】改扩建及异地搬迁建设项目需说明现有工程的基本情况、污染排放及达标情况、存在的环境保护问题及拟采取的整改措施等内容。

87. AD 【解析】根据《建设项目环境影响评价技术导则 总纲》，环境影响经济损益分析中，以建设项目实施后的环境影响预测与环境质量现状进行比较，从环境影响的正负两方面，以定性与定量相结合的方式，对建设项目的环境影响后果（包括直接和间接影响、不利和有利影响）进行货币化经济损益核算，估算建设项目环境影响的经济价值。

88. BCD 【解析】根据《建设项目环境影响评价技术导则 总纲》，对存在重大环境制约因素、环境影响不可接受或环境风险不可控、环境保护措施经济技术不满足长期稳定达标及生态保护要求、区域环境问题突出且整治计划不落实或不能满足环境质量改善目标的建设项目，应提出环境影响不可行的结论。

89. AB 【解析】根据《环境影响评价技术导则 大气环境》，大气污染源排放的污染物按存在形态分为颗粒态污染物和气态污染物。

90. ABCD 【解析】根据《环境影响评价技术导则 大气环境》，当 AERMOD 计算考虑颗粒物湿沉降时，地面气象数据中需要包括降雨类型、降雨量、相对湿度和站点气压等气象参数。

91. ABC 【解析】城市环境空气质量达标情况评价指标为 SO_2、NO_2、PM_{10}、$PM_{2.5}$、CO 和 O_3，六项污染物全部达标即为城市环境空气质量达标。

92. BCD 【解析】A 项错误，一类区禁止新、扩建污染源，一类区现有污染源改建执行现有污染源的一级标准。

93. AC 【解析】A 项错误，根据污染源的具体情况，排放形式可简化为点源、面源，排放规律可简化为连续恒定排放和非连续恒定排放。C 项错误，无组织排放可以简化成面源；从多个间距很近的排放口排水时，也可以简化为面源。

94. ABCD 【解析】生态脆弱区重点保护区域、地质灾害易发区、重要湿地、水土流失重点防治区、沙化土地封禁保护区等都属Ⅱ类建设项目场地地下水环境的“敏感”级别。

95. D 【解析】地下水环境影响预测属于地下水预测评价阶段的工作。

96. AC 【解析】B 项是机场飞机噪声预测的内容；D 项错误，绘制代表性路段的等声级线图是按贡献值，而不是按预测值。

97. CD 【解析】评价项目的工程占地范围，包含水域，也包括永久占地和临时占地；改扩建工程的工程占地范围以新增占地（含水域）面积或长度计算。生态影响评价工作等级没有下调一级的说法。

98. ABC 【解析】根据《环境影响评价技术导则 生态影响》，生态现状调查常用方法主要有资料收集法、现场勘察法、专家和公众咨询法、生态监测法、遥感调查法、海洋生态调查方法和水库渔业资源调查方法。

99. BC 【解析】对建设项目建设和运行期间发生的可预测突发性事件或事故（一般不包括人为破坏及自然灾害）引起有毒有害、易燃易爆等物质泄漏，或突发事件产生的新的有毒有害物质，所造成的对人身安全与环境的影响和损害，进行评估，提出防范、应急与减缓措施。

100. ABD 【解析】《建设项目竣工环境保护验收技术规范　生态影响类》规定了生态影响类建设项目竣工环境保护验收调查总体要求、实施方案和调查报告的编制要求。

押题模拟试卷（二）

一、单项选择题

1. C 【解析】A 项属于第一阶段；B、D 两项属于第二阶段；C 项属于第三阶段。

2. C 【解析】根据《建设项目环境影响评价技术导则　总纲》，可根据工程特点、规模、环境敏感程度、影响特征等选择开展建设项目服务期满后的环境影响预测和评价。

3. B 【解析】根据《建设项目环境影响评价技术导则　总纲》，环境影响评价应采用定量评价与定性评价相结合的方法，以量化评价为主。环境影响评价技术导则规定了评价方法的，应采用规定的方法。选用非环境影响评价技术导则规定方法的，应根据建设项目环境影响特征、影响性质和评价范围等分析其适用性。

4. C 【解析】根据《建设项目环境影响评价技术导则　总纲》，建设项目建设和运行过程包括施工方式、施工时序、运行方式、调度调节方式等。

5. B 【解析】根据《建设项目环境影响评价技术导则　总纲》，根据建设项目的特点、环境影响的主要特征，结合区域环境功能要求、环境保护目标、评价标准和环境制约因素，筛选确定评价因子。

6. C 【解析】c_i 是指采用估算模式计算出的第 i 个污染物的最大地面质量浓度（mg/m^3）。

7. B 【解析】大气环境一级评价划分依据为 $P_{max} \geqslant 10\%$。

8. A 【解析】环境空气质量监测布点应以近 20 年统计的当地主导风向为轴向，在厂址及主导风向下风向 5km 范围内设置 1～2 个监测点。据此得出该项目的大气环境评价等级为二级。

9. C 【解析】根据建设项目排放污染物的最远影响距离（$D_{10\%}$）确定项目的大气环境影响评价范围。

10. B 【解析】当最远距离超过 25km 时，确定评价范围为边长 50km 的矩形区域。

11. C 【解析】根据《环境影响评价技术导则　大气环境》，对于部分无法进行连续监测的其他污染物，可监测其一次空气质量浓度，监测时次应满足所用评价标准的取值时间要求。

12. B 【解析】计算污染源对评价范围的影响时，一般取东西向为 X 坐标轴、南北向为Y坐标轴，项目厂址位于预测范围的中心区域。

13. D 【解析】CALPUFF是一个烟团扩散模型系统，可模拟三维流场随时间和空间发生变化时污染物的输送、转化和清除过程。

14. C 【解析】项目大气环境三级评价的基本附图包括：①污染源点位及环境空气敏感区分布图；②基本气象分析图。

15. B 【解析】现有污染源无组织排放玻璃棉尘、石英粉尘、矿渣棉尘的监控浓度限值是2.0mg/m^3。

16. D 【解析】点源调查的繁简程度可根据评价级别及其与建设项目的关系而略有不同。

17. A 【解析】从“平水期平均流量为180m^3/s”可判断此河为大河。从“河宽55m”可判断河宽＞50m，应设3条取样垂线。从“水深7m”可判断水深＞5m，则在每条垂线上的水面下0.5m水深处及在距河底0.5m处，各取样1个，故取6个水样。

18. B 【解析】20 000m^3/d＞污水排放量（15 000m^3/d）≥10 000m^3/d；污水中污染物数目为一种，需预测浓度的水质参数8＞7，水质复杂程度为中等；河流规模100m^3/d为中河；水质标准为Ⅲ类。故判断其地表水环境影响评价工作等级为二级。

19. B 【解析】对设有闸坝受人工控制的河流，其流动状况，在排洪时期为河流流动；用水时期，如用水量大则类似河流，用水量小时则类似狭长形水库。这种河流的取样断面、取样位置、取样点的布设以及水质调查的取样次数等可参考河流、水库部分的有关规定酌情处理。

20. C 【解析】河流汇合部可以分为支流、汇合前主流、汇合后主流3段分别进行环境影响预测。

21. C 【解析】水质数学模式按水质分布状况划分为：零维、一维、二维和三维模式。在水质混合区进行水质影响预测时，应选用二维或三维模式；在水质分布均匀的水域进行水质影响预测时，选用零维或一维模式。

22. A 【解析】建设项目对地表水环境的某些影响（如感官性状、有毒物质在底泥中的累积和释放等）以及某些过程（如pH值的沿程恢复过程）等，当没有条件进行类比调查法时，可以采用专业判断法。

23. A 【解析】准备阶段主要工作内容包括：搜集和研究有关资料、法规文件；了解建设项目工程概况；进行初步工程分析；踏勘现场，对环境状况进行初步调查；初步分析建设项目对地下水环境的影响，确定评价工作等级和评价重点，并在此基础上编制地下水环境影响评价工作方案。

24. B 【解析】二级评价项目，对地下水水质、水量采用数值法或解析法进行影响预测和评价，对环境水文地质问题进行半定量或定性的分析和评价，提出切实可行的环境保护措施。

25. B 【解析】一般情况下，地下水水位监测点数以不小于相应评价级别地下水水质监测点数的2倍为宜。

26. B 【解析】评价Ⅱ类建设项目对地下水流场或地下水水位（水头）影响时，应依据地下水资源补采平衡的原则，评价地下水开发利用的合理性及可能出现的环境水文地质问题的类型、性质及其影响的范围、特征和程度等。

27. A　【解析】当现有资料不能满足要求时，需进行现场调查和测试，并分析现状监测数据的可靠性和代表性，排除B项；对一般自然环境与社会环境的调查，应根据评价地区的实际情况，适当增减，排除C项；对与建设项目有密切关系的环境状况应全面、详细调查，给出定量的数据并做出分析或评价，排除D项。

28. C　【解析】在声环境影响评价中，声源中心到预测点之间的距离超过声源最大几何尺寸2倍时，可将该声源近似为点声源。

29. A　【解析】项目建设前后评价范围内敏感目标噪声级增高达5dB（A）以上［不含5dB（A）］或受影响人口显著增多的情况，应按一级评价进行工作。

30. C　【解析】该新建工厂的声环境影响评价范围满足一级评价的要求，一般以建设项目边界向外200m为评价范围。

31. B　【解析】声环境现状调查收集评价范围内1∶2 000～50 000地理地形图，说明评价范围内声源和敏感目标之间的地貌特征、地形高差及影响声波传播的环境要素。

32. C　【解析】公路、城市道路交通运输噪声预测内容中，按贡献值绘制代表性路段的等声级线图，分析敏感目标所受噪声影响的程度，确定噪声影响的范围，并说明受影响人口分布情况。

33. D　【解析】测量点布置中可以大幅度减少或不设测量点的条件，就是评价范围内没有明显的噪声源，其判定依据就是没有明显的噪声源且声级＜50dB（A）。

34. C　【解析】根据《环境影响评价技术导则　声环境》，在环境噪声评价量中，“L_{WECPN}”表示计权等效连续感觉噪声级。

35. B　【解析】题中影响的区域为一般区域。一般区域的长度以100km为分界线，≥100km为二级，其余长度都为三级。

36. A　【解析】自然保护区属特殊生态敏感区。属特殊生态敏感区的项目，不管工程占地多大，评价等级都为一级。

37. D　【解析】根据评价项目自身特点、区域的生态特点以及评价项目与影响区域生态系统的相互关系，确定工程分析的重点，分析生态影响的源及其强度。

38. A　【解析】该建设项目占地面积35km^2（≥20km^2），其环境影响评价范围内的森林公园属于重要生态敏感区，因此该建设项目环境评价工作等级为一级。

39. B　【解析】调查影响区域内已经存在的制约本区域可持续发展的主要生态问题，如水土流失、沙漠化、石漠化、盐渍化、自然灾害、生物入侵和污染危害等，指出其类型、成因、空间分布、发布特点等。

40. D　【解析】景观生态学法是通过研究某一区域、一定时段内的生态系统类群的格局、特点、综合资源状况等自然规律，以及人为干预下的演替趋势，揭示人类活动在改变生物与环境方面的作用的方法。

41. A　【解析】评价应对替代方案进行生态可行性论证，优先选择生态影响最小的替代方案，最终选定的方案至少应该是生态保护可行的方案。

42. C 【解析】生态保护红线、环境质量底线、资源利用上线和生态环境准入清单简称“三线一单”。

43. A 【解析】根据《规划环境影响评价技术导则　总纲》，评价目的是以改善环境质量和保障生态安全为目标，论证规划方案的生态环境合理性和环境效益，提出规划优化调整建议；明确不良生态环境影响的减缓措施，提出生态环境保护建议和管控要求，为规划决策和规划实施过程中的生态环境管理提供依据。

44. B 【解析】根据《规划环境影响评价技术导则　产业园区》，评价结论包括：①产业园区生态环境现状与存在问题；②规划生态环境影响特征与预测评价结论；③资源环境压力与承载状态评估结论；④规划实施制约因素与优化调整建议；⑤规划实施生态环境保护目标和要求；⑥产业园区环境管理改进对策和建议。

45. D 【解析】最大可信事故是指在所有预测的概率不为零的事故中，对环境（或健康）危害最严重的重大事故。

46. D 【解析】环境风险根据有毒有害物质放散起因，分为火灾、爆炸和泄漏 3 种类型。

47. B 【解析】利用环境影响报告书中有关厂址周边环境和区域环境资料，重点收集人口分布资料。

48. C 【解析】对于公路、铁路、轨道交通等线性工程以及港口项目，验收调查应在工况稳定、生产负荷达到近期预测生产能力（或交通量）75%以上的情况下进行。

49. C 【解析】生态影响的环境保护措施主要是针对生态敏感目标（水生、陆生）的保护措施。

50. A 【解析】生态影响调查结论与建议中，总结建设项目对环境影响评价文件及环境影响评价审批文件要求的落实情况。

51. A 【解析】O_3 只有“日最大 8h 平均”和“1h 平均”，没有 24h 平均浓度限值。

52. B 【解析】环境空气一氧化碳（CO）的手工监测分析方法是非分散红外法。

53. D 【解析】人为造成的环境水温变化应限制在：周平均最大温升≤1℃，周平均最大温降≤2℃。

54. A 【解析】工业污水按生产周期确定监测频率。

55. A 【解析】地下水质常规监测项目包括：pH、氨氮、硝酸盐、亚硝酸盐、挥发性酚类、氰化物、砷、汞、铬（六价）、总硬度、铅、氟、镉、铁、锰、溶解性总固体、高锰酸盐指数、硫酸盐、氯化物、大肠菌群以及反映本地区主要水质问题的其他项目。

56. B 【解析】《地下水质量标准》适用于一般地下水，不适用于地下热水、矿水、盐卤水。

57. C 【解析】利用污水灌溉、污水排放、有害废弃物（城市垃圾、工业废渣、核废料等）的堆放和地下处置，必须经过环境地质可行性论证及环境影响评价，征得环境保护部门批准后方能施行。

58. C 【解析】城市康复疗养区属于 0 类声环境功能区。0 类声环境功能区执行的环境噪声昼夜标准值分别是 50dB（A）、40dB（A）。

59. D　【解析】一般户外，使用监测车辆测量，传声器应固定在车顶部 1.2m 高度处。

60. B　【解析】《城市区域环境振动标准》适用于发生的稳态振动、冲击振动和无规则振动。

61. B　【解析】当厂界与噪声敏感建筑物距离小于 1.0m 时，厂界环境噪声应在噪声敏感建筑物的室内测量，并将相应的限值减 10dB（A）作为评价依据。

62. C　【解析】当场界距噪声敏感建筑物较近，其室外不满足测量条件时，可在噪声敏感建筑物室内测量，并将相应的限值减 10dB（A）作为评价依据，即昼间≤70－10＝60［dB（A）］，夜间≤55－10＝45［dB（A）］。

63. D　【解析】测量应在无雨雪、无雷电天气，风速为 5m/s 以下时进行。

64. C　【解析】Ⅲ类主要适用于林地土壤及污染物容量较大的高背景值土壤和矿产附近等地的农田土壤（蔬菜地除外），土壤质量基本上对植物和环境不造成危害和污染。Ⅲ类土壤环境质量执行三级标准。

65. C　【解析】三级标准为保障农林业生产和植物正常生长的土地临界值。

66. A　【解析】生活垃圾渗滤液排放控制项目包括：色度（稀释倍数）、化学需氧量、生化需氧量、悬浮物、总氮、氨氮、总磷、粪大肠菌群数、总汞、总镉、总铬、六价铬、总砷、总铅。

67. C　【解析】生活垃圾填埋场选址的标高应位于重现期不小于 50 年一遇的洪水位之上，并建设在长远规划中的水库等人工蓄水设施的淹没区和保护区之外。

68. A　【解析】生活垃圾填埋场场址的位置及与周围人群的距离应依据环境影响评价结论确定，并经地方生态环境主管部门批准。

69. C　【解析】下列废物不得在生活垃圾填埋场中填埋处置：①除符合相应规定的生活垃圾焚烧飞灰以外的危险废物；②未经处理的餐饮废物；③未经处理的粪便；④禽畜养殖废物；⑤电子废物及其处理处置残余物；⑥除本填埋场产生的渗滤液之外的任何液态废物和废水。国家环境保护标准另有规定的除外。

70. C　【解析】生活垃圾填埋场的选址应符合区域性环境规划、环境卫生设施建设规划和当地的城市规划。

71. D　【解析】甲烷排放控制要求包括：①填埋工作面上 2m 以下高度范围内甲烷的体积百分比应不大于 0.1%；②生活垃圾填埋场应采取甲烷减排措施，当通过导气管道直接排放填埋气体时，导气管排放口的甲烷的体积百分比不大于 5%。

72. B　【解析】该贮存设施场界必须距小河 150m 以外。

73. D　【解析】《危险废物贮存污染控制标准》适用于所有危险废物（尾矿除外）贮存的污染控制及监督管理，适用于危险废物的产生者、经营者和管理者。

74. D　【解析】D 项错误，危险废物集中贮存设施的选址场界应位于居民区 800m 以外，地表水域 150m 以外。

75. B　【解析】危险废物贮存设施的底部必须高于地下水最高水位。

76. D　【解析】距人畜居栖点 800m 以外，排除 A 项；填埋场场址距地表水域的距离不应小于150m，排除B项；应避免建在溶洞区或易遭受严重自然灾害影响的地区，排除C项。

77. C 【解析】集中式危险废物焚烧厂不允许建设在人口密集的居住区、商业区和文化区。

78. C 【解析】各类焚烧厂不允许建设在地表水环境质量Ⅰ类、Ⅱ类功能区和环境空气质量中规定的环境空气质量一类功能区。

79. D 【解析】《危险废物焚烧污染控制标准》适用于除易爆和具有放射性以外的危险废物焚烧设施的设计、环境影响评价、竣工验收以及运行过程中的污染控制管理。生活垃圾不属于危险废物。

80. C 【解析】焚烧法不但可以处置固态废物，还可以处置液态或气态废物。

二、不定项选择题

81. ABD 【解析】根据《建设项目环境影响评价技术导则 总纲》，预测和评价的因子应包括反映建设项目特点的常规污染因子、特征污染因子和生态因子，以及反映区域环境质量状况的主要污染因子、特殊污染因子和生态因子。

82. ABC 【解析】根据《建设项目环境影响评价技术导则 总纲》，环境影响预测与评价方法主要有数学模式法、物理模型法、类比调查法等。

83. ABD 【解析】根据《建设项目环境影响评价技术导则 总纲》，环境影响因素识别应明确建设项目在建设阶段、生产运行、服务期满后（可根据项目情况选择）等不同阶段的各种行为与可能受影响的环境要素间的作用效应关系、影响性质、影响范围、影响程度等，定性分析建设项目对各环境要素可能产生的污染影响与生态影响，包括有利与不利影响、长期与短期影响、可逆与不可逆影响、直接与间接影响、累积与非累积影响等。

84. ACD 【解析】根据《建设项目环境影响评价技术导则 总纲》，环境影响评价范围是指建设项目整体实施后可能对环境造成的影响范围，具体根据环境要素和专题环境影响评价技术导则的要求确定。环境影响评价技术导则中未明确具体评价范围的，根据建设项目可能影响范围确定。

85. ABCD 【解析】根据《建设项目环境影响评价技术导则 总纲》，建设项目概况包括主体工程、辅助工程、公用工程、环保工程、储运工程以及依托工程等。

86. ABCD 【解析】根据《建设项目环境影响评价技术导则 总纲》，改扩建项目的污染物排放量包括有组织与无组织的排放、正常工况与非正常工况的排放。

87. ABCD 【解析】根据《建设项目环境影响评价技术导则 总纲》，分析论证拟采取措施的技术可行性、经济合理性、长期稳定运行和达标排放的可靠性、满足环境质量改善和排污许可要求的可行性、生态保护和恢复效果的可达性。

88. ABD 【解析】排气筒有效高度不在调查范围之内，排气筒几何高度是调查内容，排除C项。

89. AD 【解析】A项错误，每期监测时间，至少应取得有季节代表性的7d有效数据；D项错误，在不具备自动连续监测条件时，二级和三级评价项目每天监测时段，1h

浓度监测值应至少获取当地时间02、08、14、20时4个小时浓度值。

90. BD 【解析】估算模式是一种单源预测模式，排除A项；估算模式计算出的最大地面浓度大于进一步预测模式的计算结果，排除C项。

91. BC 【解析】A项错误，地表水环境影响的评价范围与影响预测范围相同；D项错误，多项水质参数综合评价的评价方法和评价的水质参数应与环境现状综合评价相同。

92. ACD 【解析】充分混合段是指污染物浓度在断面上均匀分布的河段。当断面上任意一点的浓度与断面平均浓度之差小于平均浓度的5%时，可以认为达到均匀分布。

93. AB 【解析】C项错误，结合建设项目污染源特点及具体的环境水文地质条件有针对性地补充必要的勘察试验，进行地下水环境现状评价；D项错误，对地下水水质、水量采用数值法或解析法进行影响预测和评价。

94. BC 【解析】A项错误，进行边界噪声评价时，新建建设项目以工程噪声贡献值作为评价量；D项错误，对于改扩建的公路、铁路等建设项目，如预测噪声贡献值时已包括了现有声源的影响，则以预测的噪声贡献值作为评价量。

95. CD 【解析】生态影响评价应涵盖评价项目全部活动的直接影响区域和间接影响区域，体现出生态完整性，而不是"或"的关系，排除A项；评价工作范围应依据评价项目对生态因子的影响方式、影响程度和生态因子之间的相互影响和相互依存关系确定，排除B项。

96. AB 【解析】二级风险评价主要内容是：风险识别、源项分析和对事故进行简要分析，提出防范、减缓和应急措施。C、D两项为一级评价的内容。

97. ABC 【解析】《环境空气质量标准》中没有一般工业区和特定工业区的划分，只要是工业区都是二类区。

98. CD 【解析】炼焦炉执行《炼焦炉大气污染物排放标准》；恶臭物质排放执行《恶臭污染物排放标准》；建筑施工场地、硫酸生产排放的气体污染物均执行《大气污染物综合排放标准》。

99. AC 【解析】Ⅱ类水体主要适用于集中式生活饮用水水源地一级保护区、珍贵鱼类保护区、鱼虾产卵场等。

100. ABD 【解析】水污染物排放中第一类污染物有13种物质：总汞、烷基汞、总镉、总铬、六价铬、总砷、总铅、总镍、苯并[a]芘、总铍、总银、总α放射性、总β放射性等。

押题模拟试卷（三）

一、单项选择题

1. B 【解析】执行上，地方环境标准优先于国家环境标准。国家污染物排放标准分为跨行业综合性排放标准（如污水综合排放标准、大气污染物综合排放标准）和行业性排放标准（如火电厂大气污染物排放标准、合成氨工业水污染物排放标准、造纸工业水污染物排放标准等）。综合性排放标准与行业性排放标准不交叉执行。即有行业性排放标准的执行行业排放标准，没有行业排放标准的执行综合排放标准。

2. B 【解析】根据《建设项目环境影响评价技术导则 总纲》，建设项目进行环境现状调查与评价时，充分收集和利用评价范围内各例行监测点、断面或站位的近 3 年环境监测资料或背景值调查资料。

3. B 【解析】根据《建设项目环境影响评价技术导则 总纲》，环境影响评价技术导则中未明确具体评价范围的，根据建设项目的可能影响范围确定。

4. B 【解析】根据《建设项目环境影响评价技术导则 总纲》，环境影响预测与评价内容应重点预测建设项目生产运行阶段正常工况和非正常工况等情况的环境影响。

5. C 【解析】根据《建设项目环境影响评价技术导则 总纲》，应概括地反映环境影响评价的全部工作成果，突出重点。工程分析应体现工程特点，环境现状调查应反映环境特征，主要环境问题应阐述清楚，影响预测方法应科学，预测结果应可信，环境保护措施应可行、有效，评价结论应明确。

6. A 【解析】根据《建设项目环境影响评价技术导则 总纲》，环境影响报告表应采用规定格式。

7. B 【解析】选择推荐模式中的估算模式对项目的大气环境评价工作进行分级。

8. B 【解析】污染物数大于1，取 P_{max} 值中最大者和其对应的 $D_{10\%}$，即 $P_{max}=15\%$，$D_{10\%}=1.2km$，据此得出该项目的大气环境评价等级为二级。

9. A 【解析】对于三级评价项目可只调查分析项目污染源。

10. D 【解析】TSP 是指环境空气中，空气动力学当量直径≤100μm 的颗粒物。（空气动力学当量直径是指静止空气中颗粒物的沉降速度与密度为 $1g/cm^2$ 的圆球的沉降速度相同时的圆球直径。）

11. B 【解析】一级评价项目，监测点应包括评价范围内有代表性的环境空气保护目标，点位不少于 10 个。

12. B 【解析】满足一级评价的要求，一般以道路中心线外两侧 200m 以内为评价范围。

13. B 【解析】不利气象条件系指熏烟状态以及对环境敏感区或关心点易造成严重污染的风向、风速、稳定度和混合层高度等条件。

14. C 【解析】如果有多个污染物，对每一个污染物要输入其排放率和标准，进行计算，得到每一个污染物的结果，大气环境防护距离取最大值。

15. C 【解析】生活污水的主要水质参数为：BOD_5、COD、pH、悬浮物、氨氮、磷酸盐、表面活性剂、水温、溶解氧。

16. B 【解析】污染物类型为 2，在需预测水质参数不大于 10 的条件下，污水水质属于中等；若水质参数为 11，则其污水水质属于复杂。

17. D 【解析】规划中几个建设项目在一定时期（如 5 年）内兴建并且向同一地表水环境排污的情况可以采用自净利用指数法进行单项评价。

18. B 【解析】湖泊和水库规模的大小按枯水期湖泊或水库的平均水深以及水面面积

划分，题中平均水深≥10m，水域面积$30km^2$＞$25km^2$，故为大水库。

19. A 【解析】排入小湖（库）的所有排放口可以简化成1个，其位置假设在两排放口之间，其排放量为两者之和。

20. B 【解析】首先判断平水期平均流量为$120m^3/s$的河流为中河；河宽＜50m，在取样断面上各距岸边1/3水面宽处，设一条取样垂线，共设两条取样垂线；水深＞5m时，在水面下0.5m水深处及在距河底0.5m处，各取样一个，即每个垂线取2个样，因此其取样断面上水样分析数应为2×2＝4。一级评价，每个取样点的水样均应分析，不取混合样。

21. A 【解析】当拟预测溶解氧时，应预测最大亏氧点的位置及该点的浓度，但是分段预测的河段不需要预测最大亏氧点。

22. B 【解析】水环境影响预测中预测的水质参数的选定由水污染特征决定，项目的建设过程、生产过程及服务期满后各阶段污染特征的差异性就决定了其预测的水质参数的不同。

23. B 【解析】污水排放量中不包括间接冷却水、循环水，以及其他含污染物极小的清洁下水的排放量，但包括含热量大的冷却水的排放量。

24. D 【解析】地下水环境影响识别可采用矩阵法。

25. D 【解析】Ⅰ类建设项目地下水环境现状调查评价范围≥$50km^2$。

26. C 【解析】Ⅱ类建设项目主要是在项目建设、生产运行和服务期满后的各个过程中，可能造成地下水水质污染、引起地下水流场或地下水水位变化，并导致环境水文地质问题的建设项目。

27. B 【解析】一级评价项目的含水层的水质监测点应不少于7个，二级评价项目的含水层的水质监测点应不少于5个，三级评价项目的含水层的水质监测点应不少于3个。

28. B 【解析】声级起伏较大的噪声为非稳态噪声，非稳态噪声的评价量为最大A声级，电梯噪声属非稳态噪声。

29. B 【解析】对于建设项目所处声环境功能区为GB 3096规定的1类、2类地区，或项目建设前后噪声级有较明显增高［噪声级增高量达3～5dB（A）］或受噪声影响人口增加较多的情况，应按二级评价进行工作。

30. B 【解析】满足一级评价的要求，一般以道路中心线外两侧200m以内为评价范围。

31. D 【解析】机场周围飞机噪声评价范围应根据飞行量计算到L_{WECPN}为70dB的区域。

32. A 【解析】建筑施工噪声属于非稳态噪声，非稳态噪声的评价量为最大A声级。

33. D 【解析】对于改、扩建机场工程，监测点一般布设在主要敏感目标处。

34. C 【解析】在一级评价中须提出噪声防治措施并进行经济、技术可行性分析，明确防治措施的最终降噪效果和达标分析；二级评价要求给出最终降噪效果和达标分析；三级评价要求进行达标分析。

35. B 【解析】机场飞机噪声预测的内容中，需给出计权等效连续感觉噪声级（L_{WECPN}）为 70dB、75dB、80dB、85dB、90dB 的等声级线图。

36. B 【解析】以球面波形式辐射声波的声源，辐射声波的声压幅值与声波传播距离（r）成反比。

37. A 【解析】森林公园属重要生态敏感区，其他区域为一般区域。对照“生态影响评价工作等级划分表”，如果按一般区域分级应为二级，如果按重要生态敏感区分级应为一级。当工程占地（含水域）范围的面积或长度分别属于两个不同评价工作等级时，原则上应按其中较高的评价工作等级进行评价。故为一级。

38. C 【解析】生态现状调查应在收集资料基础上开展现场工作，生态现状调查的范围应不小于评价工作的范围。

39. C 【解析】生态背景调查应重点调查受保护的珍稀濒危物种、关键种、土著种、建群种和特有种、天然的重要经济物种等。

40. A 【解析】当评价区域涉及受保护的敏感物种时，应重点分析该敏感物种的生态学特征。

41. B 【解析】应按照避让、减缓、补偿和重建的次序提出生态影响防护与恢复的措施；所采取措施的效果应有利修复和增强区域生态功能。

42. C 【解析】环境管控单元是指集成生态保护红线及生态空间、环境质量底线、资源利用上线的管控区域。

43. D 【解析】根据《规划环境影响评价技术导则　总纲》，评价原则有：①早期介入、过程互动。评价应在规划编制的早期阶段介入，在规划前期研究和方案编制、论证、审定等关键环节和过程中充分互动，不断优化规划方案，提高环境合理性。②统筹衔接、分类指导。评价工作应突出不同类型、不同层级规划及其环境影响特点，充分衔接“三线一单”成果，分类指导规划所包含建设项目的布局和生态环境准入。③客观评价、结论科学。依据现有知识水平和技术条件对规划实施可能产生的不良环境影响的范围和程度进行客观分析，评价方法应成熟可靠，数据资料应完整可信，结论建议应具体明确且具有可操作性。

44. A 【解析】资源节约利用：从完善产业园区能源梯级高效利用、非常规水资源（如矿井水、中水、微咸水、海水淡化水）利用、固体废物综合利用、土地节约集约利用等方面，提出产业循环式组合、园区循环化发展的优化建议。选项 A 是碳减排的主要途径。

45. C 【解析】生态环境现状调查与评价：①调查评价范围内区域生态保护红线、生态空间及环境敏感区的分布、范围及其管控要求，明确与产业园区的空间位置关系；调查土地利用现状变化，产业（生产）、居住（生活）、生态用地的冲突。②调查评价范围主要污染源类型和分布、污染物排放特征和水平、排污去向或委托处置等情况，确定主要污染行业、污染源和污染物。③调查评价区域水环境（地表水、地下水、近岸海域）、大气环境、声环境、土壤环境及底泥（沉积物）等质量状况，调查因子包括常规、特征污染因子；分析评价范围环境质量变化的时空特征及影响因素，说明环境质量超标的位置、时段、因子及成因。选项C属于环境管理现状的内容。

46. D 【解析】环境风险评价在条件允许的情况下，可利用安全评价数据开展环境风险评价。环境风险评价与安全评价的主要区别是：环境风险评价关注点是事故对厂（场）界外环境的影响。

47. D 【解析】根据《建设项目环境风险评价技术导则》，大气环境影响一级评价范围，距离源点不低于5km；二级评价范围，距离源点不低于3km。

48. B 【解析】风险识别范围包括生产设施风险识别和生产过程所涉及的物质风险识别。生产设施风险识别范围：主要生产装置、贮运系统、公用工程系统、工程环保设施及辅助生产设施等。物质风险识别范围：主要原材料及辅助材料、燃料、中间产品、最终产品以及生产过程排放的“三废”污染物等。

49. A 【解析】项目位于敏感区，不管是什么样的危险源其评价等级都是一级。

50. C 【解析】厂址及周围居民区、环境保护目标设置卫生防护距离，厂区周围工矿企业、车站、码头、交通干道等设置安全防护距离和防火间距。

51. B 【解析】环境风险评价与安全评价的主要区别是：环境风险评价关注点是事故对厂（场）界外环境的影响。

52. B 【解析】《建设项目竣工环境保护验收技术规范　生态影响类》适用于交通运输（公路、铁路、城市道路和轨道交通、港口和航运、管道运输等）、水利水电、石油和天然气开采、矿山采选、电力生产（风力发电）、农业、林业、牧业、渔业、旅游等行业和海洋、海岸带开发、高压输变电线路等主要对生态造成影响的建设项目，以及区域、流域开发项目竣工环境保护验收调查工作。

53. B 【解析】提供适当比例的工程地理位置图和工程平面图（线性工程给出线路走向示意图），明确比例尺，工程平面布置图（或线路走向示意图）中应标注主要工程设施和环境敏感目标。

54. A 【解析】对于建设项目涉及的范围较大、无法全部覆盖的，可根据随机性和典型性的原则，选择有代表性的区域与对象进行重点现场勘察。

55. D 【解析】根据《环境空气质量标准》(GB 3095—2012)，环境空气污染物基本项目包括：SO_2、NO_2、CO、O_3、PM_{10}、$PM_{2.5}$。

56. A 【解析】$PM_{2.5}$的二级标准的24h平均浓度限值是75$\mu g/m^3$。

57. C 【解析】SO_2、NO_2、CO每小时至少有45min的采样时间。

58. D 【解析】用外推法计算排气筒高12m对应的最高允许排放速率为6.4kg/h，因排气筒高度达不到相应要求，再严格50%。

59. C 【解析】“臭气浓度”的单位是量纲为1。

60. C 【解析】一类区执行一级标准；二类区执行二级标准；三类区执行三级标准。在一类区内，除市政、建筑施工临时用沥青加热炉外，禁止新建各种工业炉窑，原有的工业炉窑改建时不得增加污染负荷。

61. B 【解析】《锅炉大气污染物排放标准》适用于除煤粉发电锅炉和单台出力大于45.5MW (65t/h)发电锅炉以外的各种容量和用途的燃煤、燃油和燃气锅炉排放大气污染物的管理，以及建设项目环境影响评价、设计、竣工验收和建成后的排污管理。

62. A 【解析】Ⅰ、Ⅱ类水中 COD 的最低标准限值是 15mg/L。

63. C 【解析】Ⅲ类功能区主要适用于集中式生活饮用水地表水源地二级保护区、鱼虾类越冬场、洄游通道、水产养殖区等渔业水域及游泳区；Ⅴ类功能区主要适用于农业用水区及一般景观要求水域。

64. B 【解析】根据《海水水质标准》，工业污水按生产周期确定监测频率。生产周期在 8h 以内的，每 2h 采样一次；生产周期大于 8h 的，每 4h 采样一次。24h 不少于 2 次。

65. B 【解析】总锌、总锰、总铜、COD、甲醛均属于第二类污染物。

66. B 【解析】3 类声环境功能区执行的环境噪声昼夜标准值分别是 65dB（A）、55 dB（A）。

67. C 【解析】铁路干线两侧区域不通过列车时的环境背景噪声限值按昼间 70dB（A）、夜间 55dB（A）执行。两种情况：一是穿越城区的既有铁路干线；二是对穿越城区的既有铁路干线进行改建、扩建的铁路建设项目。

68. B 【解析】《城市区域环境振动标准》规定：每日发生几次的冲击振动，其最大值昼间不允许超过标准值 10dB，夜间不超过 3dB。而铁路干线两侧执行的铅垂向 Z 振级标准值昼夜值都是 80dB，故最大值夜间不超过 80＋3＝83（dB）。

69. A 【解析】室内噪声测量时，室内测量点位设在距任一反射面至少 0.5m 以上、距地面 1.2m 高度处，在受噪声影响方向的窗户开启状态下测量。

70. B 【解析】各种打桩机在城市建筑施工时，昼间噪声限值为 85dB（A），夜间禁止施工。

71. C 【解析】噪声测量值与背景噪声值相差＞10dB（A）时，噪声测量值不做修正。

72. B 【解析】Ⅱ类主要适用于一般农田、蔬菜地、茶园、果园、牧场等土壤，土壤质量基本上对植物和环境不造成危害和污染。

73. B 【解析】生活垃圾填埋场场址不应选在城市工农业发展规划区、农业保护区、自然保护区、风景名胜区、文物保护区、生活饮用水水源保护区、供水远景规划区、矿产资源储备区、军事要地、国家保密地区和其他需要特别保护的区域内。

74. B 【解析】厌氧产沼等生物处理后的固态残余物、粪便经处理后的固态残余物和生活污水处理厂污泥经处理后含水率小于 60%，可以进入生活垃圾填埋场填埋处置。

75. D 【解析】下列废物可以直接进入生活垃圾填埋场填埋处置：①由环境卫生机构收集或者自行收集的混合生活垃圾，以及企事业单位产生的办公废物；②生活垃圾焚烧炉渣（不包括焚烧飞灰）；③生活垃圾堆肥处理产生的固态残余物；④服装加工、食品加工以及其他城市生活服务行业产生的性质与生活垃圾相近的一般工业固体废物。

76. C 【解析】危险废物贮存设施应位于居民中心区常年最大风频的下风向。

77. C 【解析】C 项错误，设施底部必须高于地下水最高水位。

78. C 【解析】医院产生的临床废物，必须当日消毒，消毒后装入容器。常温下贮存期不得超过 1d，于 5℃以下冷藏的，不得超过 7d。

79. D 【解析】填埋场场址必须位于 100 年一遇的洪水标高线以上，并在长远规划中的水库等人工蓄水设施淹没区和保护区之外。

80. B 【解析】在焚烧设施于正常状态下运行 1h 后，开始以 1 次/h 的频次采集气样，每次采样时间不得低于 45min，连续采样三次，分别测定。

二、不定项选择题

81. BCD 【解析】根据《建设项目环境影响评价技术导则　总纲》，环境影响因素识别可采用矩阵法、网络法、地理信息系统支持下的叠加图法等。

82. BC 【解析】根据《建设项目环境影响评价技术导则　总纲》，建设项目有多个建设方案、涉及环境敏感区或环境影响显著时，应重点从环境制约因素、环境影响程度等方面进行建设方案环境比选。

83. ABCD 【解析】根据《建设项目环境影响评价技术导则　总纲》，按建设项目的特点、所在地区的环境特征、相关法律法规、标准及规划、环境功能区划等划分各环境要素、各专题评价工作等级。

84. CD 【解析】根据《建设项目环境影响评价技术导则　总纲》，环境监测计划应包括污染源监测计划和环境质量监测计划。

85. ABCD 【解析】根据《建设项目环境影响评价技术导则　总纲》，预测和评价的因子应包括反映建设项目特点的常规污染因子、特征污染因子和生态因子，以及反映区域环境质量状况的主要污染因子、特殊污染因子和生态因子。

86. AD 【解析】根据《建设项目环境影响评价技术导则　总纲》，尚未划定环境功能区的区域，由地方人民政府环境保护主管部门确认各环境要素应执行的环境质量标准和相应的污染物排放标准。

87. BCD 【解析】根据《建设项目环境影响评价技术导则　总纲》，污染影响因素分析时，遵循清洁生产的理念，从工艺的环境友好性、工艺过程的主要产污节点以及末端治理措施的协同性等方面，选择可能对环境产生较大影响的主要因素进行深入分析。

88. BD 【解析】根据《建设项目环境影响评价技术导则　总纲》，重点为影响程度大、范围广、历时长或涉及环境敏感区的作用因素和影响源，关注间接性影响、区域性影响、长期性影响以及累积性影响等特有生态影响因素的分析。

89. BCD 【解析】在满负荷排放下，按分厂或车间逐一统计各有组织排放源和无组织排放源的主要污染物排放量，排除 A 项。

90. ABC 【解析】大气环境线源调查的内容包括：①线源几何尺寸，线源距地面高度，道路宽度，街道街谷高度；②各种车型的污染物排放速率；③平均车速，各时段车流量、车型比例；④线源参数调查清单。

91. ABCD 【解析】大气环境质量现状监测结果统计分析的要点包括：各点、各期、各主要污染物浓度范围，一次最高值，日均浓度波动范围，季日均浓度值，一次值及日均值超标率，不同功能区浓度变化特点及平均超标率，浓度日变化及季节变化规律，浓度与地面风向、风速的相关特点等。

92. BC **【解析】**补充地面气象观测数据可作为当地长期气象条件参与大气环境影响预测，排除 A 项；一级评价的补充观测应进行为期 1 年的连续观测，二级评价的补充观测可选择有代表性的季节进行连续观测，观测期限应在 2 个月以上，排除 D 项。

93. AC **【解析】**地表水环境影响评价工作级别划分的依据主要是：建设项目的污水排放量，污水水质的复杂程度，各种受纳污水的地面水域的规模以及对它的水质要求。

94. AC **【解析】**当受纳水域的环境保护要求较高（如自然保护区、饮用水水源地、珍贵水生生物保护区、经济鱼类养殖区等），且评价等级为一、二级时，应考虑调查水生生物和底质。

95. AD **【解析】**水质属于中等程度的污水其污染物类型最多为 2。当污染物类型为 2 时，预测其浓度的水质参数＜10 为中等，≥10 为复杂；当污染物类型为 1 时，预测其浓度的水质参数≥7 为中等，＜7 为简单。

96. AB **【解析】**C 项错误，对每一测点，应分别进行昼间、夜间的测量；D 项错误，对于噪声起伏较大的情况，应增加昼间、夜间监测次数。

97. ACD **【解析】**凡涉及不可替代、极具价值、极敏感、被破坏后很难恢复的敏感生态保护目标（如特殊生态敏感区、珍稀濒危物种）时，必须提出可靠的避让措施或生态恢复方案，排除 B 项。

98. CD **【解析】**建设项目建设和运行期间可能发生的突发事件或事故一般不包括人为破坏及自然灾害，机械设备老化陈旧及生产状况超负荷属于生产运行期间可能导致事故或事件发生的因素。

99. ABCD **【解析】**在我国现有的国家大气污染物排放标准体系中，按照综合性排放标准与行业性排放标准不交叉执行的原则。题中污染源都有各自的排放标准，不再执行《大气污染物综合排放标准》。

100. BC **【解析】**B 项错误，根据施工场地周围噪声敏感建筑物位置和声源位置的布局，测点应设在对噪声敏感建筑物影响较大、距离较近的位置；C 项错误，施工期间，测量连续 20min 的等效声级，夜间同时测量最大声级。

押题模拟试卷（四）

一、单项选择题

1. A **【解析】**国家污染物排放标准的级别与环境功能区类别不一定一一对应，排除 B 项；污染物排放标准的制定是以技术为依据的，排除 C 项；污染物排放标准都是分级别的而不是分类别的，排除D 项。

2. D **【解析】**根据《建设项目环境影响评价技术导则　总纲》，分析论证拟采取措施的技术可行性、经济合理性、长期稳定运行和达标排放的可靠性、满足环境质量改善和排污许可要求的可行性、生态保护和恢复效果的可达性。

3. D 【解析】根据建设项目的特点、环境影响的主要特征，结合区域环境功能要求、环境保护目标、评价标准和环境制约因素，筛选确定评价因子。

4. C 【解析】环境影响评价采用定量评价与定性评价相结合的方法，应以量化评价为主。

5. A 【解析】在生态影响因素分析中，分析重点为影响程度大、范围广、历时长或涉及环境敏感区的作用因素和影响源，关注间接性影响、区域性影响、长期性影响以及累积性影响等特有影响因素的分析。

6. B 【解析】根据《建设项目环境影响评价技术导则 总纲》，对于环境质量不符合环境功能要求或环境质量改善目标的，应结合区域限期达标规划对环境质量变化进行预测。

7. B 【解析】一级评价项目应进行 2 期（冬季、夏季）监测；二级评价项目可取 1 期不利季节进行监测，必要时应作 2 期监测；三级评价项目必要时可作 1 期监测。

8. D 【解析】c_{0i}一般选用 GB 3095 中 1h 平均取样时间的二级标准的质量浓度限值；对于没有小时浓度限值的污染物，可取日平均浓度限值的 3 倍值。

9. C 【解析】大气环境评价等级划分是结合项目的初步工程分析结果，选择正常排放的主要污染物及排放参数，采用估算模式计算各污染物的最大影响程度和最远影响范围，然后按评价工作分级判据进行分级。

10. B 【解析】对于以城市快速路、主干路等城市道路为主的新建、扩建项目，应考虑交通线源对道路两侧的环境保护目标的影响，评价等级不低于二级。

11. B 【解析】污染物数大于 1，取 P_{max} 值中最大者和其对应的 $D_{10\%}$，即 $P_{max}=9\%$，$D_{10\%}=2km$，该项目的大气环境评价等级为二级。

12. C 【解析】大气评价等级确定因子是 $D_{10\%}$，排除 A、D 两项；第 i 个污染物的地面浓度达标准值 10%时所对应的最远距离，排除 B 项。

13. A 【解析】周期性排放系数取值为 0～1，一般可按季节、月份、星期、日、小时等给出周期性排放系数。

14. D 【解析】大气环境现状监测布点原则：一、二、三级评价的布点方法为极坐标布点法。

15. D 【解析】D 项错误，对于高耗能行业的多源（两个以上，含两个）项目，评价等级应不低于二级。

16. D 【解析】叠加现状背景值，分析项目建成后最终的区域环境质量状况，即：新增污染源预测值＋现状监测值－削减污染源计算值（如果有）－被取代污染源计算值（如果有）＝项目建成后最终的环境影响。

17. D 【解析】CALPUFF 适用于从 50km 到几百千米的模拟范围，包括次层网格尺度的地形处理，还包括长距离模拟的计算功能。

18. D 【解析】二级评价项目中 4 个点是在一周 360°、每隔 90°的 4 个方向各设置 1 个监测点。

19. A 【解析】小型封闭海湾在确定环境现状调查范围时，主要考虑的因素是污水排放量和污水水质的复杂程度。

20. B 【解析】点污染源调查的原则以搜集现有资料为主，只有在十分必要时才补充现场调查或测试。

21. A 【解析】水域布设取样断面在拟建排污口上游500m处应设置一个。

22. B 【解析】水深＜10m，水域面积5～50km^2为中型水库。

23. D 【解析】二、三级评价水样的对待：需要预测混合过程段水质的场合，每次应将该段内各取样断面中每条垂线上的水样混合成1个水样。其他情况每个取样断面每次只取1个混合水样，即在该断面上各处所取的水样混匀成1个水样。

24. D 【解析】水质参数包括两类：一类是常规水质参数，它能反映水域水质一般状况；另一类是特征水质参数，它能代表建设项目将来排放的水质。

25. A 【解析】河流混合过程段与水质模式选择时预测范围内的河段可以分为充分混合段、混合过程段和排污口上游河段。

26. B 【解析】水深＞10m且分层期较长（如＞30d）的湖泊、水库可视为分层湖(库)。

27. C 【解析】污水污染物类型＝1，排除A项；污水水质的复杂程度分为复杂、中等和简单3类，排除D项；预测其浓度的水质参数＝6＜7，判定水质程度为简单。

28. B 【解析】动态数值模式适用于各类恒定水域中的非连续恒定排放或非恒定水域中的各类排放。

29. C 【解析】河流与河口按建设项目排污口附近河段的多年平均量或平水期平均流量分为大、中、小河3个级别，划分节点为150m^3/s，15m^3/s。故题中所给条件水域可判断为中河。

30. A 【解析】建设项目面源主要有水土流失面源（因水土流失而产生的面源）、堆积物面源（露天堆放原料、燃料、废渣、废弃物等以及垃圾堆放场因冲刷和淋溶而产生面源）和降尘面源（大气降尘直接落于水体而产生的面源）。

31. B 【解析】如受纳水域的实际功能与该标准的水质分类不一致时，由当地环保部门对其水质提出具体要求。

32. A 【解析】由题意可知，该Ⅱ类建设项目拟建于水土流失重点防治区，故其地下水环境敏感程度为“敏感”，则不论其污水排放量和地下水水位变化影响半径是多少，该Ⅱ类建设项目评价工作等级必为一级。

33. B 【解析】Ⅱ类建设项目地下水环境现状调查与评价的范围应特别关注相关的环境保护目标和敏感区域，必要时应扩展至完整的水文地质单元，以及可能与建设项目所在的水文地质单元存在直接补排关系的区域。

34. C 【解析】Ⅱ类建设项目，应遵循保护地下水资源与环境的原则，对工程可行性研究中提出的不同选址方案或不同开采方案等所引起的水位变化及其影响范围应分别进行预测。

35. C 【解析】建设项目既拥有固定声源，又拥有流动声源时，应分别进行噪声环境影响评价。

36. D 【解析】运行期声源为固定声源时，固定声源投产运行后作为环境影响评价时段。

37. B 【解析】按“所在的声环境功能区为 3 类区”划分应为三级。商场不是敏感目标，其噪声级增高量的大小不是划分评价等级的依据，只有“评价范围内敏感目标的噪声级增高量”才是划分评价等级的依据，居住区属敏感目标，以噪声级增高量为 3～4dB（A）来判断，故为二级。

38. C 【解析】噪声源评价量包括声压级或倍频带声压级、A 声级、声功率级、A 计权声功率级，交通噪声属于间歇性噪声应以等效连续 A 声级为评价量。

39. C 【解析】固定声源评价、机场周围飞机噪声评价、流动声源经过城镇建成区和规划区路段的评价应绘制等声级线图，当敏感目标高于（含）3 层建筑时，还应绘制垂直方向的等声级线图。

40. C 【解析】L_{10}在测量时间内有 10％的时间 A 声级超过的值，相当于噪声的平均峰值，排除 A 项；L_{50}在测量时间内有 50％的时间 A 声级超过的值，相当于噪声的平均中值，排除 B 项；L_{90}在测量时间内有 90％的时间 A 声级超过的值，相当于噪声的平均本底值，C 项正确；在夜间时段内测得的等效连续 A 声级称为夜间等效声级，用 L_n 表示，它不是累计百分声级中所用的测量值，排除 D 项。

41. C 【解析】对于三条跑道改、扩建机场工程，测点数量可根据机场飞行量及周围敏感目标情况确定，现有单条跑道、二条跑道或三条跑道的机场可分别布设 3～9 个、9～14 个或 12～18 个飞机噪声测点，跑道增多可进一步增加测点。

42. C 【解析】进行敏感目标噪声环境影响评价时，以敏感目标所受的噪声贡献值与背景噪声值叠加后的预测值作为评价量。

43. C 【解析】生态影响评价应能够充分体现生态完整性，涵盖评价项目全部活动的直接影响区域和间接影响区域。

44. A 【解析】一级评价应给出采样地样方实测、遥感等方法测定的生物量、物种多样性等数据，给出主要生物物种名录、受保护的野生动植物物种等调查资料。

45. D 【解析】生态背景调查受保护的生物物种时，如涉及国家级和省级保护物种、珍稀濒危物种和地方特有物种时，应逐个或逐类说明其类型、分布、保护级别、保护状况等。

46. D 【解析】根据《环境影响评价技术导则　生态影响》，工程分析重点的主要内容应包括：①可能产生重大生态影响的工程行为；②与特殊生态敏感区和重要生态敏感区有关的工程行为；③可能产生间接、累积生态影响的工程行为；④可能造成重大资源占用和配置的工程行为。

47. D 【解析】优先选择生态影响最小的方案，不一定是最终选定的方案；最终选定的方案不一定是生态影响最小的方案，但至少应该是生态保护可行的方案。

48. B 【解析】资源利用上线是以保障生态安全和改善环境质量为目的，结合自然资源开发管控，提出的分区域分阶段的资源开发利用总量、强度、效率等管控要求。

49. A 【解析】规划实施生态环境压力分析：①依据环境现状评价和回顾性分析结果，考虑技术进步等因素，估算不同情景下水、土地、能源等规划实施支撑性资源的需求量和主要污染物（包括常规污染物和特征污染物）的产生量、排放量。②依据生态现状评价和回顾性分析结果，考虑生态系统演变规律及生态保护修复等因素，评估不同情景下主要生态因子（如生物量、植被覆盖度/率、重要生境面积等）的变化量。

50. D 【解析】资源与环境承载力分析：分析规划实施支撑性资源（水资源、土地资源、能源等）可利用（配置）上线和规划实施主要环境影响要素（大气、水等）污染物允许排放量，结合现状利用和排放量、区域削减量，分析各评价时段剩余可利用的资源量和剩余污染物允许排放量。选项D属于资源与环境承载状态评估的内容。

51. C 【解析】产业园区规划环境影响评价协同联动的原则：衔接区域生态环境分区管控成果，细化产业园区环境准入，指导建设项目环境准入及其环境影响评价内容简化，实现区域、产业园区、建设项目环境影响评价的系统衔接和协同管理。选项C属于统筹协调的原则。

52. D 【解析】环境风险与管理现状调查：①调查产业园区涉及的有毒有害物质及危险化学品、重点环境风险源清单，确定重点关注的环境风险物质、环境风险受体及其分布。②调查产业园区环境风险防控联动状况，分析产业园区环境风险防控水平与环境安全保障要求的差距。

53. C 【解析】根据评价项目的物质危险性和功能单元重大危险源判定结果，以及环境敏感程度等因素，将环境风险评价工作划分为一、二级。

54. D 【解析】对建设项目建设和运行期间发生的可预测突发性事件或事故（一般不包括人为破坏及自然灾害）引起有毒有害、易燃易爆等物质泄漏，或突发事件产生的新的有毒有害物质，所造成的对人身安全与环境的影响和损害，进行评估，提出防范、应急与减缓措施。

55. C 【解析】根据国家建设项目环境保护分类管理的规定，填报环境影响登记表的建设项目，应填写建设项目竣工环境保护验收登记卡。

56. D 【解析】确定标准及指标的原则包括：①环境影响评价文件和环境影响评价审批文件中有明确规定的按其规定作为验收标准；②环境影响评价文件和环境影响评价审批文件中没有明确规定的，可按法律、法规、部门规章的规定参考国家、地方或发达国家环境保护标准；③现阶段暂时还没有环境保护标准的可按实际调查情况给出结果。

57. A 【解析】对于水利水电项目、输变电工程、油气开发工程（含集输管线）、矿山采选可按其行业特征执行，在工程正常运行的情况下即可开展验收调查工作。

58. B 【解析】《建设项目竣工环境保护验收技术规范　生态影响类》规定了生态影响类建设项目竣工环境保护验收调查总体要求、实施方案和调查报告的编制要求。

59. D 【解析】遥感调查一般需要的内容有：卫星遥感资料、地形图等基础资料，通过卫星遥感技术或GPS定位等技术获取专题数据；数据处理与分析；成果生成。其适用于涉及范围区域较大、人力勘察较为困难或难以到达的建设项目。

60. A 【解析】环境空气二氧化氮（NO_2）的手工监测分析方法是盐酸萘乙二胺分光光度法。

61. D 【解析】排气筒中废气的采样是以连续1h的采样获取平均值，或在1h内以等时间间隔采集4个样品，并计平均值。

62. B 【解析】《大气污染物综合排放标准》中关于排气筒高度的规定：两个排放相同污染物（不论其是否由同一生产工艺过程产生）的排气筒，若其距离小于其几何高度之和，应合并为一根等效排气筒。若其有三根以上的近距排气筒，且排放同一种污染物时，应以前两根的等效排气筒，依次与第三、第四根排气筒取等效值。

63. C 【解析】五日生化需氧量的监测分析方法是稀释与接种法；氨氮的监测分析方法是纳氏试剂比色法；化学需氧量的监测分析方法是重铬酸盐法；溶解氧的监测分析方法是碘量法。

64. C 【解析】第三类海水水质适用于一般工业用水区、滨海风景旅游区。

65. D 【解析】造纸厂污水适用《造纸工业水污染物排放标准》；染整厂污水适用《纺织染整工业水污染物排放标准》；磷肥厂污水适用《磷肥工业水污染物排放标准》。

66. A 【解析】乡村的康复疗养区执行0类声环境功能区要求，属于中型项目，故判定为一级评价。

67. A 【解析】4a类声环境功能区执行的环境噪声昼夜标准值分别是70dB（A）、55dB（A）。

68. D 【解析】各类声环境功能区夜间突发噪声，其最大声级超过环境噪声限值的幅度不得高于15dB（A）。

69. C 【解析】乡村区域一般不划分声环境功能区，根据环境管理的需要，县级以上人民政府生态环境主管部门可按相关要求确定乡村区域适用的声环境质量要求，其中集镇执行2类声环境功能区要求。

70. B 【解析】该住宅卧室属于A类房间。根据《工业企业厂界环境噪声排放标准》，当固定设备排放的噪声通过建筑物结构传播至A类房间时，该类房间夜间等效声级不得超过35dB（A）。

71. A 【解析】《建筑施工场界环境噪声排放标准》适用于周围有噪声敏感建筑物的建筑施工噪声排放的管理、评价及控制。市政、通信、交通、水利等其他类型的施工噪声排放可参照本标准执行。

72. A 【解析】医院属1类声环境功能区，则该电影院执行的昼夜噪声排放限值分别是55dB（A）、45dB（A）。

73. A 【解析】噪声测量值与背景噪声值相差5dB（A），取整后为5dB（A），则修正值为－2，噪声测量值修正后为58.1dB（A）。

74. C 【解析】Ⅲ类主要适用于林地土壤及污染物容量较大的高背景值土壤和矿产附近等地的农田土壤（蔬菜地除外），土壤质量基本上对植物和环境不造成危害和污染。

75. B 【解析】可以直接进入生活垃圾填埋场填埋处置的废物有：①由环境卫生机构收集或者自行收集的混合生活垃圾，以及企事业单位产生的办公废物；②生活垃圾焚烧炉渣（不包括焚烧飞灰）；③生活垃圾堆肥处理产生的固态残余物；④服装加工、食品加工以及其他城市生活服务行业产生的性质与生活垃圾相近的一般工业固体废物。

76. D 【解析】拟建有可靠防洪设施的山谷型填埋场，并经过环境影响评价证明洪水对生活垃圾填埋场的环境风险在可接受范围内。

77. A 【解析】生活垃圾填埋场的填埋工作面上 2m 以下高度范围内甲烷的体积分数应不大于 0.1%。

78. A 【解析】危险废物的基础必须防渗，防渗层为至少 1m 厚黏土层（渗透系数≤10^{-7}cm/s)，或 2mm 厚高密度聚乙烯，或至少 2mm 厚的其他人工材料（渗透系数≤10^{-10}cm/s）等要求。

79. A 【解析】填埋场场址必须有足够大的可使用面积以保证填埋场建成后具有 10 年或更长的使用期，在使用期内能充分接纳所产生的危险废物。

80. D 【解析】各类焚烧厂均不允许建设在居民区主导风向的上风向地区。

二、不定项选择题

81. ABCD 【解析】根据《建设项目环境影响评价技术导则 总纲》，区域污染源调查时，选择建设项目常规污染因子和特征污染因子、影响评价区环境质量的主要污染因子和特殊污染因子作为主要调查对象，注意不同污染源的分类调查。

82. ACD 【解析】根据《建设项目环境影响评价技术导则 总纲》，环境保护目标调查时，调查评价范围内的环境功能区划和主要的环境敏感区，详细了解环境保护目标的地理位置、服务功能、四至范围、保护对象和保护要求等。

83. AB 【解析】根据《建设项目环境影响评价技术导则 总纲》，现状监测和观测网点应根据各环境要素环境影响评价技术导则要求布设，兼顾均布性和代表性原则。

84. ABC 【解析】根据《建设项目环境影响评价技术导则 总纲》，环境影响预测与评价的时段、内容及方法均应根据工程特点与环境特性、评价工作等级、当地的环境保护要求确定。

85. AD 【解析】根据《建设项目环境影响评价技术导则 总纲》，当建设项目排放污染物对环境存在累积影响时，应明确累积影响的影响源，分析项目实施可能发生累积影响的条件、方式和途径，预测项目实施在时间和空间上的累积环境影响。

86. ABD 【解析】根据《建设项目环境影响评价技术导则 总纲》，对存在环境风险的建设项目，应分析环境风险源项，计算环境风险后果，开展环境风险评价。

87. ABCD 【解析】根据《建设项目环境影响评价技术导则 总纲》，环境保护投入应包括为预防和减缓建设项目不利环境影响而采取的各项环境保护措施和设施的建设费用、运行维护费用，直接为建设项目服务的环境管理与监测费用以及相关科研费用。

88. ACD 【解析】根据《建设项目环境影响评价技术导则 总纲》，环境管理与监测计划中，提出建立日常环境管理制度、组织机构和环境管理台账相关要求，明确各项环境保护设施和措施的建设、运行及维护费用保障计划。

89. AC 【解析】评价工作等级按分级判据进行划分。最大地面浓度占标率 P_i 中，如污染物数 i 大于 1，取 P 值中最大者（P_{max}）和其对应的 $D_{10\%}$。

90. BD 【解析】A 项错误，应是排气筒出口内径；C 项错误，应是毒性较大物质的“非正常排放量”，而不是“正常排放量”。

91. ABCD 【解析】监测结果统计分析内容包括：①以列表的方式给出各监测点大气污染物的不同取值时间的质量浓度变化范围，计算并列表给出各取值时间最大质量浓度值占相应标准质量浓度限值的百分比和超标率，并评价达标情况；②分析大气污染物质量浓度的日变化规律以及大气污染物质量浓度与地面风向、风速等气象因素及污染源排放的关系；③分析重污染时间分布情况及其影响因素。

92. ABC 【解析】D 项为一级评价的内容。

93. BC 【解析】三级评价项目可只调查污染源排污概况，并对估算模式中的污染源参数进行核实。

94. ABD 【解析】C 项错误，评价等级为三级时，江心洲、浅滩等均可按无江心洲、浅滩的情况对待；评价等级为二级时，江心洲位于充分混合段，可以按无江心洲对待；评价等级为一级且江心洲较大时，可以分段进行环境影响预测，江心洲较小时可不考虑。江心洲位于混合过程段，可分段进行环境影响预测。

95. BCD 【解析】常规水质参数根据水域类别、评价等级和污染源状况适当删减。

96. ACD 【解析】生态影响预测与评价常用的方法有：①列表清单法；②图形叠置法；③生态机理分析法；④景观生态学法；⑤指数法与综合指数法；⑥类比分析法；⑧系统分析法；⑧生物多样性评价等。

97. AB 【解析】厂区总平面布置符合防范事故要求，有应急救援设施及救援通道、应急疏散及避难所。

98. ABD 【解析】调查其地理位置、规模、与工程的相对位置关系、所处环境功能区及保护内容等，附图、列表予以说明，并注明实际环境敏感目标与环境影响评价文件中的变化情况及变化原因。

99. BC 【解析】常规大气污染物中，TSP 和 PM_{10} 没有小时平均值的说法，只有日均值、年均值，TSP 日均值的监测每日至少要有 24h 的采样时间，PM_{10} 日均值的监测每日至少要有 20h 的采样时间。CO、SO_2、NO_x 小时平均值每小时至少要有 45min 的采样时间，日均值每日至少要有 20h 的采样时间。

100. AD 【解析】汽车排放执行《汽车大气污染物排放标准》、摩托车排气执行《摩托车排气污染物排放标准》。

准考证号：______

考生姓名：______

工作单位：______

2025 年全国环境影响评价工程师职业资格考试

环境影响评价技术导则与标准

考生注意事项

1. 答题前，考生须在试题册指定位置上填写工作单位、考生姓名和准考证号；在答题卡指定位置上填写考生姓名和准考证号，并涂写准考证号信息点。
2. 选择题的答案必须涂写在答题卡相应题号的选项上，非选择题的答案必须书写在答题卡指定位置的边框区域内。超出答题区域书写的答案无效；在草稿纸、试题册上答题无效。
3. 填（书）写部分必须使用黑色字迹签字笔或者钢笔书写，字迹工整、笔迹清楚；涂写部分必须使用 2B 铅笔填涂。
4. 考试结束，将答题卡和试题册按规定交回。

一、单项选择题（共80题，每题1分。每题的备选项中，只有1个最符合题意）

1. 根据生态环境标准，为推进生态环境风险筛查与分类管理，控制生态环境中的有害物质和因素而制定的标准是（　　）。

A. 生态环境质量标准　　B. 污染物排放标准

C. 生态环境风险管控标准　　D. 生态环境监测标准

2. 根据《建设项目环境影响评价技术导则　总纲》，评价因子依据不包括（　　）。

A. 评价标准　　B. 评价等级

C. 环境保护目标　　D. 环境制约因素

3. 根据《环境影响评价技术导则　大气环境》，大气环境影响评价的主要工作不包括（　　）。

A. 项目污染源调查　　B. 环境质量现状调查

C. 项目碳排放的调查　　D. 区域地表特征调查

4. 根据《环境影响评价技术导则　大气环境》，估算模型参数可不包括（　　）。

A. 城市/农村选项　　B. 风向/风速参数

C. 土地利用类型　　D. 最高/最低环境温度

5. 某建设项目 SO_2 与 NO_x 排放量之和大于500t/a，NO_x 和VOCs排放量大于2 000t/a，其评价因子不包括（　　）。

A. SO_2　　B. NO_x

C. VOCs　　D. O_3

6. 根据《环境影响评价技术导则　大气环境》，补充监测应以（　　）当地主导风向为轴向，在厂址及主导风向下风向5km范围内设置1～2个监测点。

A. 现场实测的　　B. 最不利的

C. 评价基准年统计的　　D. 近20年统计的

7. 根据《环境影响评价技术导则　大气环境》，环境空气质量现状评价内容不包括（　　）。

A. 空气质量达标区判定

B. 基本污染物环境质量的现状评价

C. 主要污染源分布图

D. 绘制环境质量现状监测点位图

8. 根据《环境影响评价技术导则　大气环境》，大气环境影响预测应选取（　　）作为预测因子。

A. 项目排放的评价因子　　B. 有污染物排放标准的评价因子

C. 有环境质量标准的评价因子　　D. 有环境风险管控标准的评价因子

9. 根据《环境影响评价技术导则　大气环境》，当实施区域削减方案后预测范围的年平均质量浓度变化率 k（　　）时，可以判定项目建设后区域环境质量得到整体改善。

A. $\geqslant 20\%$　　B. $\geqslant -20\%$

C. $\leqslant 20\%$　　D. $\leqslant -20\%$

10. 根据《环境影响评价技术导则　大气环境》，大气环境影响评价结论与建议内容不包括（　　）。

A. 大气环境影响评价结论　　B. 大气环境防护距离

C. 大气环境影响预测结论　　D. 大气环境影响评价自查表

11. 根据《环境影响评价技术导则　地表水环境》，地表水环境影响评价的基本任务不包括（　　）。

A. 评价建设项目对地表水环境的影响

B. 提出建设项目地表水环境保护措施

C. 制订建设项目地表水环境监测计划

D. 编制项目所在区域污染物削减方案

12. 根据《环境影响评价技术导则　地表水环境》，地表水环境影响类型划分为水污染影响型、水文要素影响型及两者兼有的复合影响型的依据是（　）。

A. 建设项目的主要影响　　B. 建设项目施工期影响

C. 建设项目运行期影响　　D. 建设项目试运行期影响

13. 根据《环境影响评价技术导则　地表水环境》，水污染影响型建设项目的评价因子可不包括（　）。

A. 水环境功能区近 3 年水质监测未检出的污染物

B. 行业污染物排放标准涉及的水污染物

C. 车间排放口排放的第一类污染物

D. 面源污染所含的主要污染物

14. 根据《环境影响评价技术导则　地表水环境》，污染影响型建设项目按（　）从大到小排序，取最大当量数为评价等级。

A. 各现污染物的当量数

B. 第一类污染物的当量数总和与其他类污染物当量数

C. 第二类污染物某一类污染物的当量数总和与其他类污染物当量数

D. 第一类污染物的当量数总和与第二类污染物的当量数总和

15. 根据《环境影响评价技术导则　地表水环境》，关于地表水环境现状调查与评价总体要求的说法，正确的是（　）。

A. 现状调查遵循问题导向为主　　B. 现状调查以评价水域为主

C. 现状调查注重水质水量协调　　D. 现状调查以补充监测为主

16. 根据《环境影响评价技术导则　地表水环境》，地表水环境现状调查的内容不包括（　）。

A. 水功能区划　　B. 国土空间规划

C. 水资源开发利用值　　D. 相关水文特征值

17. 根据《环境影响评价技术导则　地表水环境》，分析河流生态流量成果的合理性时，可不考虑（　）要求。

A. 流域综合规划　　B. 土地利用规划

C. 水资源规划　　D. 水环境保护规划

18. 根据《环境影响评价技术导则　地表水环境》，判定地表水环境影响是否可接受的依据不包括（　）。

A. 地表水质量现状评价结果

B. 地表水环境影响评价结果

C. 水污染控制措施有效性评价结果

D. 水环境影响减缓措施有效性评价结果

19. 根据《环境影响评价技术导则　地下水环境》，下列选项中属于地下水的是（　）。

A. 包气带中的水　　B. 黏土层中的水

C. 耕作层中的水　　D. 溶洞的暗流水

20. 根据《环境影响评价技术导则　地下水环境》，地下水环境影响现状调查评价范围的确定方法不包括（　）。

A. 查表法　　B. 自定义法

C. 类比分析法　　D. 公式计算法

21. 根据《环境影响评价技术导则　地下水环境》，确定地下水环境影响预测因子的主要依据为（　）。

A. 地下水环境影响程度　　B. 地下水环境评价等级

C. 特征因子的标准指数　　D. 地下水现状监测因子

22. 某建设项目特征因子现状值为 5mg/L，评价标准限值为 20mg/L，厂界下游有一口饮用水源井，根据《环境影响评价技术导则　地下水环境》，下列未叠加特征因子现状值的预测结果，可得出该项目满足评价标准要求结论的是（　　）。
A. 下游厂界处最大预测浓度为 14mg/L
B. 下游厂界处最大预测浓度为 16mg/L
C. 饮用水源井处最大预测浓度为 14mg/L
D. 饮用水源井处最大预测浓度为 16mg/L

23. 根据《环境影响评价技术导则　地下水环境》，当建设项目非正常状况下厂界外个别因子预测结果超标时，应（　　）或考虑地基处置方案。
A. 提出优化总图布置的建议　　B. 减少污染物的正常排放量
C. 采取严格的分区防渗措施　　D. 优化地下水跟踪监测方案

24. 根据《环境影响评价技术导则　地下水环境》，地下水环境跟踪监测点基本功能可不包括（　　）。
A. 背景值监测点　　B. 现状监测井
C. 污染扩散监测点　　D. 风险源监测点

25. 根据《环境影响评价技术导则　海洋生态环境》，当建设项目（　　）时，不应判定存在重大环境制约因素。
A. 选址不符合国土空间规划
B. 采用的技术设备不符合国家产业政策
C. 生态环境影响程度不能满足评价海域生态环境保护要求
D. 采取最佳可行技术后，建设项目的建设对海洋生态环境仍造成不利影响

26. 根据《环境影响评价技术导则　声环境》，属于城市地面轨道交通建设项目的环境保护目标的是（　　）。
A. 城市湿地　　B. 城市广场
C. 城市行政办公楼　　D. 城市商业中心

27. 根据《环境影响评价技术导则　声环境》，辐射声波的声压幅值与声波传播距离成反比的声源是（　　）。
A. 点声源　　B. 线声源　　C. 面声源　　D. 体声源

28. 根据《环境影响评价技术导则　声环境》，下列属于声环境影响评价基本任务的是（　　）。
A. 确认噪声源的排放标准
B. 监测噪声源的变化趋势
C. 评价建设项目噪声对人群的健康影响程度
D. 评价建设项目实施引起的声环境质量变化情况

29. 根据《环境影响评价技术导则　声环境》，属于声环境质量评价量的是（　　）。
A. 计权等效连续感觉噪声级（L_{WECPN}）　　B. 有效感觉噪声级（L_{EPN}）
C. A 计权声功率级（$L_{\mathrm{A}w}$）　　D. 昼间最大 A 声级（L_{Amax}）

30. 根据《环境影响评价技术导则　声环境》，确定机场项目噪声评价范围时，主要考虑的因素是（　　）。
A. 机场类别（运输机场和通用机场）和年起降架次
B. 机场类别（民用机场和军用机场）和年起降架次
C. 运营机型和年起降架次
D. 机场航线和年起降架次

31. 根据《环境影响评价技术导则　声环境》，关于一级评价项目声环境现状调查的说法，错误的是（　　）。

A. 应调查评价范围内所有现状声源数量、位置、源强

B. 应通过现场监测确定代表性的环境保护目标处环境质量现状

C. 可通过类比给出未监测的声环境保护目标处环境质量现状

D. 可结合模型计算给出未监测的声环境保护目标处环境质量现状

32. 根据《环境影响评价技术导则　声环境》，关于声环境影响预测内容要求的说法，错误的是（　　）。

A. 应预测项目施工期各声环境保护目标处噪声贡献值

B. 应预测项目运营期厂界（场界、边界）噪声贡献值

C. 铁路项目需预测列车通过时段内声环境保护目标处的最大 A 声级

D. 机场项目需预测单架航空器通过时声环境保护目标处最大 A 声级

33. 根据《环境影响评价技术导则　声环境》噪声防治措施，一般应坚持统筹规划、（　　）、分类管理、社会共治、损害担责的原则。

A. 源头防控　　B. 过程控制

C. 末端治理　　D. 深度治理

34.《环境影响评价技术导则　土壤环境》不适用于（　　）环境影响评价。

A. 污水处理厂建设项目　　B. 放射性废液处理项目

C. 天然气开采工程项目　　D. 超大型湾区工程项目

35. 根据《环境影响评价技术导则　土壤环境》，关于生态影响型建设项目评价工作等级划分依据的说法，错误的是（　　）。

A. 生态影响型影响后果包括盐化、酸化、碱化

B. 生态影响型敏感程度分为敏感、较敏感、不敏感

C. 同一建设项目涉及多个场地，可以一致判定其敏感程度

D. 产生多种生态影响后果的敏感程度按相对最高级别判定

36. 根据《环境影响评价技术导则　土壤环境》，生态影响型建设项目影响途径不包括（　　）。

A. 物质运移　　B. 垂直入渗

C. 水位变化　　D. 物质输入

37. 根据《环境影响评价技术导则　土壤环境（试行）》，关于土壤环境现状监测点布设的说法，错误的是（　　）。

A. 一级评价的污染影响型项目，需要设置柱状样点

B. 一级评价的生态影响型项目，需要设置柱状样点

C. 二级评价的污染影响型项目，需要设置表层样点

D. 三级评价的建设项目，只需设置表层样点

38. 根据《环境影响评价技术导则　土壤环境》，下列不属于土壤理化特性调查内容的是（　　）。

A. 土壤结构　　B. 土体构型

C. 垂向渗透系数　　D. 阳离子交换量

39. 根据《环境影响评价技术导则　土壤环境》，关于现状监测布点原则的说法，错误的是（　　）。

A. 涉及线性工程，应重点在站场位置设置监测点

B. 涉及大气沉降影响影响的，应在最大落地浓度点增加柱状样监测点

C. 涉及地面漫流途径影响的，应在占地范围外上、下游各设置表层样监测点

D. 涉及垂直入渗影响的，应在主要产污装置区设置柱状样监测点

40. 根据《环境影响评价技术导则　土壤环境》，关于建设项目土壤环境保护措施的说法，错误的是（　　）。

A. 涉及土壤酸化影响的，可采取调节土壤 pH 值的措施

B. 涉及土壤碱化影响的，可采取降低地下水位的措施

C. 涉及地面漫流影响的，可采取设置围堰或防护栏措施

D. 涉及入渗途径影响的，可对设备设施采取防渗的措施

41. 根据《环境影响评价技术导则　生态影响》，法定生态保护区域不包括（　　）。

A. 国家公园　　B. 自然公园

C. 生态保护红线　　D. 重点管控单元

42. 根据《环境影响评价技术导则　生态影响》，生态敏感区中重要生境不包括（　　）。

A. 迁徙鸟类重要救助站　　B. 迁徙鸟类重要停歇地

C. 迁徙鸟类重要繁殖地　　D. 迁徙鸟类重要越冬地

43. 根据《环境影响评价技术导则　生态影响》，建设项目仅涉及（　　）时，评价等级为二级。

A. 自然公园　　B. 国家公园

C. 重要生境　　D. 自然保护区

44. 根据《环境影响评价技术导则　生态影响》，线性工程穿越生态敏感区时，评价范围需要适当调整的依据不包括（　　）。

A. 主要保护对象的分布特征　　B. 工程穿越方式

C. 主要保护对象生态学特征　　D. 工程施工周期

45. 根据《环境影响评价技术导则　生态影响》，关于生态现状调查的说法，错误的是（　　）。

A. 涉及生态敏感区时应开展专题调查　　B. 工程永久占用区域应开展详细调查

C. 施工临时占用区域应开展详细调查　　D. 三级评价现状调查应开展现场校核

46. 根据《环境影响评价技术导则　生态影响》，生态现状评价阶段不要求编制（　　）。

A. 植被类型图　　B. 土地利用现状图

C. 生态系统类型分布图　　D. 生态保护措施总体布置图

47. 《建设项目环境风险评价技术导则》适用于（　　）。

A. 水库工程生态风险评价　　B. 变电站建设项目环境风险评价

C. 输油管线建设项目环境风险评价　　D. 辐射站建设项目环境风险评价

48. 根据《建设项目环境风险评价技术导则》，风险源是指（　　）。

A. 存在物质或能量意外释放，并产生累积环境影响的源

B. 存在物质或能量意外释放，并产生直接生态危害的源

C. 存在物质或能量意外释放，并可能产生环境影响的源

D. 存在物质或能量意外释放，并可能产生环境危害的源

49. 根据《建设项目环境风险评价技术导则》，环境风险评价工作内容不包括（　　）。

A. 开展环境风险调查　　B. 识别环境风险类型

C. 提出风险防范措施　　D. 编制风险应急预案

50. 根据《建设项目环境风险评价技术导则》，关于大气环境风险二级评价项目评价范围的说法，正确的是（　　）。

A. 以大气风险源周边不低于 5km 的区域作为评价范围

B. 以建设项目边界外不低于 5km 的区域作为评价范围

C. 以大气风险源周边不低于 3km 的区域作为评价范围

D. 以建设项目边界外不低于 3km 的区域作为评价范围

51. 根据《建设项目环境风险评价技术导则》，事故废水环境风险防控体系不包括（　　）。

A. 人员疏散通道应急建议　　B. 生产单元环境风险防范措施

C. 厂区环境风险防范措施　　D. 园区/区域环境风险防范措施

52.《规划环境影响评价技术导则　总纲》不适用于（　　）环境影响评价。

A. 土地利用规划　　B. 交通发展规划

C. 能源利用规划　　D. 区域战略规划

53. 根据《规划环境影响评价技术导则　总纲》，生态空间不包括（　　）。

A. 草原　　B. 荒漠　　C. 港口　　D. 海洋

54. 根据《规划环境影响评价技术导则　总纲》，规划环境影响预测与评价的基本要求不包括（　　）。

A. 规划实施生态环境压力分析

B. 规划现状生态环境问题成因分析

C. 评估规划实施区域资源与环境承载能力

D. 分析规划实施后是否能够满足环境目标要求

55. 根据《规划环境影响评价技术导则　总纲》，规划方案综合论证的内容不包括（　　）。

A. 规划目标的环境合理性　　B. 规划规模的环境合理性

C. 规划结构的环境合理性　　D. 生态保护红线的合理性

56. 根据《规划环境影响评价技术导则　产业园区》，在时间维度上，重点评价（　　）时段。

A. 规划近期　　B. 规划中期

C. 规划远期　　D. 规划期满后

57. 根据《规划环境影响评价技术导则　产业园区》，关于规划协调性分析内容的说法，错误的是（　　）。

A. 应分析与同层位规划的协调性

B. 应分析与国土空间规划的符合性

C. 应分析与所包含重点工程的符合性

D. 应分析与环境保护法律、法规的符合性

58. 根据《规划环境影响评价技术导则　产业园区》，生态环境压力分析可不包括（　　）。

A. 碳排放水平评估　　B. 人口承载力评估

C. 土地资源需求量评估　　D. 主要污染物排放量评估

59. 根据《规划环境影响评价技术导则　产业园区》，生态功能显著退化的产业园区，其生态功能修复措施不包括（　　）。

A. 生态廊道构建　　B. 绿化隔离带建设

C. 防护林缓冲带建设　　D. 污水处理设施提标改造

60. 根据《规划环境影响评价技术导则　产业园区》，地下水环境影响预测与评价的内容不包括（　　）。

A. 分析产业布局的环境合理性

B. 识别污染物在含水层中运移过程

C. 论证污水集中收集和处理的环境可行性

D. 评价园区环保基础设施布局的环境合理性

61. 根据《规划环境影响评价技术导则　流域综合规划》，规划环境影响预测情景可不考虑（　　）。

A. 规划的布局与规模　　B. 规划项目的施工工艺

C. 规划项目建设时序　　D. 规划期工程运行阶段

62. 根据《地表水环境质量标准》，集中式生活饮用水地表水源地水质评价项目不包括（　　）。

A. 基本项目　　B. 补充项目

C. 特定项目　　D. 其他项目

63. 根据《地下水质量标准》，关于潜水监测频率的说法，正确的是（　　）。

A. 不少于每年一次（按最不利的枯水期 1 次）

B. 不少于每年两次（丰水期和枯水期各 1 次）

C. 不少于每年三次（丰、平、枯水期各 1 次）

D. 不少于每年四次（依据季节变化情况确定）

64. 根据《海水水质标准》，适用于海洋渔业的属于（　　）标准。

A. 第一类　　B. 第二类

C. 第三类　　D. 第四类

65. 根据《声环境质量标准》，按照监测对象和目的，环境噪声监测可划分为（　　）。

A. 人工监测和自动监测

B. 稳态噪声监测和突发噪声监测

C. 声环境功能区监测和噪声敏感建筑物监测

D. 噪声污染投诉监测和建设项目环境影响评价监测

66. 根据《城市区域环境振动标准》，关于振动标准值的说法，错误的是（　　）。

A. 铁路干线两侧昼间、夜间振动标准值相同

B. 交通干线道路两侧昼间、夜间振动标准值相同

C. 工业集中区昼间振动标准值比夜间高 3dB

D. 居民区、文教区昼间振动标准值比夜间高 3dB

67. 根据《土壤环境质量　建设用地土壤污染风险管控标准（试行）》，关于建设用地土壤污染风险筛选值和管制值使用的说法，错误的是（　　）。

A. 规划用途为第一类用地的，适用第一类用地的筛选值和管制值

B. 规划用途为第二类用地的，适用第二类用地的筛选值和管制值

C. 规划用途不明确的，适用第二类用地筛选值和管制值

D. 污染物含量低于风险筛选值的，其风险可以忽略不计

68. 《电磁环境控制限值》适用于（　　）的评价和管理。

A. 医疗诊断中导致病人曝露　　B. 医疗活动中导致医生曝露

C. 家用电器对使用者造成曝露　　D. 架空输电线路对公众造成曝露

69. 根据《大气污染物综合排放标准》，两个排放相同污染物的排气筒，当其距离小于两个排气筒几何高度之和时，应以（　　）确定最高允许排放速率。

A. 较高的排气筒高度　　B. 较低的排气筒高度

C. 平均排气筒高度　　D. 等效排气筒高度

70. 执行《工业企业厂界环境噪声排放标准》的排污单位不包括（　　）。

A. 学校　　B. 商场

C. 政府机关　　D. 商砼搅拌站加工厂

71. 某建筑施工场地位于 1 类声环境功能区。根据《建筑施工场界环境噪声排放标准》，关于该建筑施工场界噪声限值的说法，正确的是（　　）。

A. 昼间、夜间等效声级限值分别为 55dB（A）、45dB（A）

B. 昼间、夜间等效声级限值分别为 70dB（A）、70dB（A）

C. 昼间噪声最大声级超过限值的幅度不得高于 10dB（A）

D. 夜间噪声最大声级超过限值的幅度不得高于 15dB（A）

72. 关于《恶臭污染物排放标准》实施的说法，错误的是（　　）。
A. 有组织排放源的排气筒高度不得低于15m
B. 排气筒的恶臭污染物排放量（kg/h）应符合标准规定
C. 排气筒的恶臭污染物排放浓度（mg/m^3）应和排放标准相同
D. 排放恶臭污染物的单位应执行厂界标准值规定

73. 根据《锅炉大气污染物排放标准》，应安装污染物排放自动监控设备的蒸汽锅炉最小容量是（　　）。
A. 10t/h　　B. 20t/h
C. 30t/h　　D. 65t/h

74. 生产过程中产生的副产物，其固体废物鉴别适用（　　）。
A.《固体废物鉴别标准　通则》　　B.《固体废物分类与代码目录》
C.《危险废物鉴别标准　通则》　　D.《国家危险废物名录》

75. 根据《生活垃圾填埋场污染控制标准》，关于生活垃圾填埋场选址要求的说法，错误的是（　　）。
A. 应避开石灰岩溶洞发育地带　　B. 应避开相对稳定的冲沟地区
C. 应符合生态环境分区管控要求　　D. 应符合城市环境卫生专项规划

76. 根据《生活垃圾焚烧污染控制标准》，关于企业自行监测要求的说法，错误的是（　　）。
A. 烟气中颗粒物监测应每季至少开展一次
B. 烟气中二噁英类监测应每年至少开展一次
C. 烟气中重金属类污染物监测应每月至少开展一次
D. 焚烧炉渣热灼减率监测应每周至少开展一次

77. 根据《危险废物贮存污染控制标准》，关于贮存设施污染物排放控制要求的说法，错误的是（　　）。
A. 酸雾排放应符合《大气污染物综合排放标准》的要求
B. 废水排放应符合《危险废物填埋污染控制标准》的要求
C. 恶臭污染物排放应符合《恶臭污染物排放标准》的要求
D. 噪声排放应符合《工业企业厂界环境噪声排放标准》的要求

78.《危险废物填埋污染控制标准》适用于（　　）的环境管理。
A. 危险废物贮存场选址　　B. 突发事故危险废物临时处置
C. 危险废物填埋场监测　　D. 危险废物资源化回收与利用

79. 根据《危险废物焚烧污染控制标准》，焚烧设施厂址与敏感目标之间的防护距离设置可不考虑（　　）。
A. 污染物扩散因素　　B. 焚烧设施管理水平
C. 污染物排放特征　　D. 焚烧处置技术工艺

80. 根据《一般工业固体废物贮存和填埋污染控制标准》，填埋场视具体情况可不设置（　　）。
A. 雨污分流系统　　B. 地下水导排系统
C. 环境监测系统　　D. 渗滤液收集系统

二、不定项选择题（共20题，每题2分。每题的备选项中，至少有1个符合题意，多选、错选、少选均不得分）

81. 根据《建设项目环境影响评价技术导则　总纲》，污染源产生的环节包括（　　）。
A. 生产　　B. 装卸　　C. 运输　　D. 销售

82. 根据《环境影响评价技术导则　大气环境》，空气质量预测模型包括（　　）。
A. 高斯烟流模型　　B. 环境质量指数模型

C. 高斯烟团模型　　D. 区域光化学网格模型

83. 根据《环境影响评价技术导则　地表水环境》，关于地表水环境影响评价内容的说法，正确的有（　　）。

A. 应评价建设项目建成后各预测时期水功能区达标状况

B. 应评价环境保护目标所在水域各预测时期的水质变化特征

C. 新设排放口的建设项目，应分析排放口设置的合理性

D. 新设排放口混合区与现有排放口混合区重叠时，应分析环境合理性

84. 根据《环境影响评价技术导则　地下水环境》，地下水环境影响预测层位应包括（　　）。

A. 潜水含水层　　B. 污染物直接进入的含水层

C. 承压含水层　　D. 有矿产开发价值的含水层

85. 根据《环境影响评价技术导则　海洋生态环境》，位于不达标海域的建设项目，其海水水质保护措施的要求包括（　　）。

A. 应根据陆海统筹原则提出改善环境质量的区域削减措施建议

B. 应综合考虑经济成本和污染治理效果

C. 应兼顾减污降碳协同控制要求

D. 应结合评价海域水质改善目标和污染区域削减方案，选择技术方案

86. 根据《环境影响评价技术导则　声环境》，工业企业建设项目室内噪声源调查内容包括（　　）。

A. 运行时段　　B. 建筑物插入损失

C. 空间相对位置　　D. 距室内边界距离

87. 根据《环境影响评价技术导则　土壤环境》，土壤环境影响评价结论的内容包括（　　）。

A. 建设项目土壤环境现状　　B. 防控措施及跟踪监测计划

C. 建设项目预测评价结果　　D. 项目建设环境可行性结论

88. 根据《环境影响评价技术导则　生态影响》，生态敏感区中重要生境包括（　　）。

A. 重要水生生物产卵场

B. 重要水生生物放流点

C. 重要水生生物索饵场

D. 重要水生生物越冬场

89. 根据《建设项目环境风险评价技术导则》，大气环境风险为（　　）的项目，预测时需要给出影响范围与程度。

A. 一级评价　　B. 二级评价

C. 三级评价　　D. 简单分析

90. 根据《规划环境影响评价技术导则　总纲》，关于环境管控和生态环境准入要求的说法，正确的有（　　）。

A. 区域现状环境质量不达标的，需要提出现有污染源削减计划

B. 未完成环境质量改善目标的，禁止新增重点污染物排放项目

C. 区域现状环境质量达标的，新建项目需保证区域环境质量得到明显改善

D. 区域现状环境质量达标的，扩建项目需保证区域环境质量维持基本稳定

91. 根据《规划环境影响评价技术导则　产业园区》，关于产业园区规划所含建设项目环境影响评价要求的说法，正确的有（　　）。

A. 分行业提出建设项目环境影响评价的重点内容和基本要求

B. 涉及环境敏感区，满足环境准入要求的，可简化选址可行性分析

C. 不新增特征污染物排放的，可引用符合时效的环境质量现状结论

D. 依托产业园区基础设施的，正常工况下建议直接引用规划环境影响评价结论

92. 根据《规划环境影响评价技术导则　流域综合规划》，环境影响预测与评价的内容包括（　　）。

A. 水文水资源影响预测与评价　　B. 水环境影响预测与评价

C. 生态影响预测与评价　　D. 生态风险评价

93. 根据《环境空气质量标准》，下列大气污染物中要求年平均浓度的有（　　）。

A. SO_2　　B. $PM_{2.5}$

C. CO　　D. O_3

94. 根据《土壤环境质量　农用地土壤污染风险管控标准》，关于农用地土壤污染风险筛选适用的说法，正确的有（　　）。

A. 水旱轮作地应采用较为严格的土壤风险筛选值

B. 重金属和类金属砷污染物项目均按元素总量计

C. 风险筛选值基本项目可以根据土壤污染特点选择

D. 风险筛选值其他项目可以根据环境管理需求选择

95. 根据《污水综合排放标准》，关于标准分级的说法，正确的有（　　）。

A. 排入《地表水环境质量标准》Ⅳ类水域的污水，执行二级标准

B. 排入《地表水环境质量标准》Ⅴ类水域的污水，执行二级标准

C. 已划为游泳区的《地表水环境质量标准》Ⅲ类水域，执行一级标准

D. 已划为保护区的《地表水环境质量标准》Ⅲ类水域，禁止新建排污口

96. 根据《工业企业厂界环境噪声排放标准》，关于厂界噪声测量结果修正的说法，正确的有（　　）。

A. 噪声测量值比背景噪声值高 1dB（A）时，不修正

B. 噪声测量值比背景噪声值高 3dB（A）时，需修正

C. 噪声测量值比背景噪声值高 6dB（A）时，需修正

D. 噪声测量值比背景噪声值高 10dB（A）时，不做修正

97. 根据《挥发性有机物无组织排放控制标准》，VOCs 废气收集处理系统发生故障或检修时，满足 VOCs 无组织排放控制要求的措施有（　　）。

A. 停止生产工艺设备运行　　B. 切换至烟气旁路排放

C. 启用废气应急处理设施　　D. 加密 VOCs 监测频次

98. 根据《生活垃圾焚烧污染控制标准》，可进入生活垃圾焚烧炉处置的有（　　）。

A. 一般工业固体废物　　B. 符合要求的感染性废物

C. 环卫机构收集的生活垃圾　　D. 电子废物及其处理处置残余物

99. 根据《危险废物填埋污染控制标准》，危险废物进入柔性填埋场时，应识别废物的（　　）。

A. 含水率　　B. 有机质含量

C. 易燃性　　D. 水溶性盐含量

100. 某企业生产一般工业固废（非煤矸石），有机质含量超过 5%，水溶性盐小于 2%。根据《一般工业固体废物贮存和填埋污染控制标准》，关于该企业固体废物填埋要求的说法，正确的有（　　）。

A. 其直接填埋应符合《生活垃圾填埋场污染控制标准》要求

B. 其直接填埋应符合《危险废物填埋场污染控制标准》要求

C. 处理后有机质含量小于 5%，可进入Ⅰ类场

D. 处理后有机质含量小于 5%，可进入Ⅱ类场

参考答案及解析

一、单项选择题

1. C 【解析】生态环境风险管控标准是为保护生态环境，保障公众健康，推进生态环境风险筛查与分类管理，维护生态环境安全，控制生态环境中的有害物质和因素而制定的标准。

2. B 【解析】根据建设项目的特点、环境影响的主要特征，结合区域环境功能要求、环境保护目标、评价标准和环境制约因素，筛选确定评价因子。

3. C 【解析】大气环境影响评价的主要工作：①第一阶段。主要工作包括研究有关文件，项目污染源调查，环境空气保护目标调查，评价因子筛选与评价标准确定，区域气象与地表特征调查，收集区域地形参数，确定评价等级和评价范围等。②第二阶段。主要工作依据评价等级要求开展，包括与项目评价相关污染源调查与核实，选择适合的预测模型，环境质量现状调查或补充监测，收集建立模型所需气象、地表参数等基础数据，确定预测内容与预测方案，开展大气环境影响预测与评价工作等。③第三阶段。主要工作包括制定环境监测计划，明确大气环境影响评价结论与建议，完成环境影响评价文件的编写等。

4. B 【解析】估算模型参数见下表。

参数		取值
城市/农村选项	城市/农村	
	人口数（城市选项时）	
最高环境温度/℃		
最低环境温度/℃		
土地利用类型		
区域湿度条件		
是否考虑地形	考虑地形	□是　□否
	地形数据分辨率/m	
是否考虑岸线熏烟	考虑岸线熏烟	□是　□否
	岸线距离/km	
	岸线方向/°	

5. D 【解析】二次污染物评价因子见下表。

类别	污染物排放量/（t/a）	二次污染物评价因子
建设项目	$SO_2+NO_x \geqslant 500$	$PM_{2.5}$
规划项目	$SO_2+NO_x \geqslant 500$	$PM_{2.5}$
	$NO_x+VOCs \geqslant 2\ 000$	O_3

6. D 【解析】补充监测以近 20 年统计的当地主导风向为轴向，在厂址及主导风向下风向 5km 范围内设置 1～2 个监测点。如需在一类区进行补充监测，监测点应设置在不受人为活动影响的区域。

7. C 【解析】环境空气质量现状评价内容包括空气质量达标区判定、基本污染物环境质量现状、其他污染物环境质量现状、监测点位图。
8. C 【解析】预测因子根据评价因子而定，选取有环境质量标准的评价因子作为预测因子。
9. D 【解析】实施区域削减方案后预测范围的年平均质量浓度变化率 $k \leqslant -20\%$ 时，可判定项目建设后区域环境质量得到整体改善。
10. C 【解析】大气环境影响评价结论与建议内容：①大气环境影响评价结论；②污染控制措施可行性及方案比选结果；③大气环境防护距离；④污染物排放量核算结果；⑤大气环境影响评价自查表。
11. D 【解析】《环境影响评价技术导则　地表水环境》的基本任务为：在调查和分析评价范围地表水环境质量现状与水环境保护目标的基础上，预测和评价建设项目对地表水环境质量、水环境功能区、水功能区或水环境保护目标及水环境控制单元的影响范围与影响程度，提出相应的环境保护措施、环境管理要求与监测计划，明确给出地表水环境影响是否可接受的结论。
12. A 【解析】建设项目的地表水环境影响主要包括水污染影响与水文要素影响。根据其主要影响，建设项目的地表水环境影响评价划分为水污染影响型、水文要素影响型以及两者兼有的复合影响型。
13. A 【解析】水污染影响型建设项目评价因子的筛选应符合以下要求：①按照污染源源强核算技术指南，开展建设项目污染源与水污染因子识别，结合建设项目所在水环境控制单元或区域水环境质量现状，筛选出水环境现状调查评价与影响预测评价的因子；②行业污染物排放标准中涉及的水污染物应作为评价因子；③在车间或车间处理设施排放口排放的第一类污染物应作为评价因子；④水温应作为评价因子；⑤面源污染所含的主要污染物应作为评价因子；⑥建设项目排放的，且为建设项目所在控制单元的水质超标因子或潜在污染因子（指近三年来水质浓度值呈上升趋势的水质因子），应作为评价因子。
14. B 【解析】水污染物当量数等于该污染物的年排放量除以该污染物的污染当量值，计算排放污染物的污染物当量数，应区分第一类水污染物和其他类水污染物，统计第一类污染物当量数总和，然后与其他类污染物按照污染物当量数从大到小排序，取最大当量数作为建设项目评价等级确定的依据。
15. C 【解析】环境现状调查与评价应遵循问题导向与管理目标导向统筹、流域（区域）与评价水域兼顾、水质水量协调、常规监测数据利用与补充监测互补、水环境现状与变化分析结合的原则。
16. B 【解析】地表水环境现状调查内容包括建设项目及区域水污染源调查、受纳或受影响水体水环境质量现状调查、区域水资源与开发利用状况、水文情势与相关水文特征值调查，以及水环境保护目标、水环境功能区或水功能区、近岸海域环境功能区及其相关的水环境质量管理要求等调查。涉及涉水工程的，还应调查涉水工程运行规则和调度情况。
17. B 【解析】河流、湖库生态流量综合分析与确定应根据国家或地方政府批复的综合规划、水资源规划、水环境保护规划等成果中相关的生态流量控制等要求，综合分析生态流量成果的合理性。
18. A 【解析】地表水环境影响可接受需满足的条件见下表。

需满足的条件	达标区	不达标区
水污染控制和水环境影响减缓措施有效性评价	√	√
地表水环境影响评价	√	√
区（流）域环境质量改善目标要求、削减替代源	—	√

19. D 【解析】地下水上方为包气带（所含水不属于地下水），包气带上方为土壤层，如下图所示。

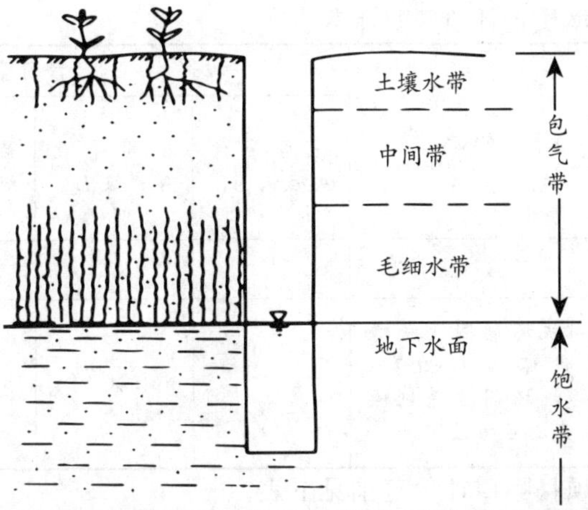

20. C 【解析】建设项目（除线性工程外）地下水环境影响现状调查评价范围可采用公式计算法、查表法和自定义法确定。

21. C 【解析】预测因子应包括：①识别出的特征因子，按照重金属、持久性有机污染物和其他类别进行分类，并对每一类别中的各项因子采用标准指数法进行排序，分别取标准指数最大的因子作为预测因子；②现有工程已经产生的且改、扩建后将继续产生的特征因子，改、扩建后新增加的特征因子；③污染场地已查明的主要污染物；④国家或地方要求控制的污染物。

22. C 【解析】选项 A 错误，叠加现状值后浓度为 19mg/L，未超过标准限值，但其数值反映的是下游厂界处，无法保证饮用水源井处的浓度；选项 B 错误，叠加后得到浓度为 21mg/L，已超出标准限值；选项 C 正确，饮用水源井处的浓度为 19mg/L，未超标；选项 D 错误，叠加后浓度为 21mg/L，已超过标准限值。

23. A 【解析】根据非正常状况下的预测评价结果，在建设项目服务年限内个别评价因子超标范围超出厂界时，应提出优化总图布置的建议或地基处理方案。

24. D 【解析】明确跟踪监测点的基本功能，如背景值监测点、地下水环境影响跟踪监测点、污染扩散监测点等，必要时，明确跟踪监测点兼具的污染控制功能。当现有监测点不能满足监测位置和监测深度要求时，应布设新的地下水现状监测井，现状监测井的布设应兼顾地下水环境影响跟踪监测计划。

25. D 【解析】当建设项目存在下述任一情况时，应判定存在重大环境制约因素，可提出建设项目重新选址或重新设计的建议，并根据改进方案重新开展海洋生态环境影响评价：①建设项目的选址（选线）、建设规模、总平面布置、用海方式等不符合现行有效的国土空间规划、海洋生态环境保护规划等有关规划及其规划环评要求；②建设项目的主体装备、技术设备、工艺水平、能源消耗、污染治理措施等不符合国家产业政策、环境保护政策和清洁生产要求；④建设项目的建设或生产运行产生的海洋生态环境影响程度，不能满足评价海域和周边海域生态环境保护要求；⑤采取最佳可行技术后，建设项目的建设或生产运行将对所在海域海水水质、生物生态、主要海洋生态环境保护目标仍产生重大不利影响……

26. C 【解析】声环境保护目标：依据法律、法规、政策等方式确定的需要保持安静的建筑物及建筑物集中区。噪声敏感建筑物：用于居住、科学研究、医疗卫生、文化教育、机关团体办公、社会福利等需要保持安静的建筑物。

27. A 【解析】点声源是以球面波形式辐射声波的声源，辐射声波的声压幅值与声波传播距离成反比。

28. D 【解析】声环境影响评价的基本任务主要有四个方面：①评价建设项目实施引起的声环境质量的变化情况；②提出合理可行的防治对策措施，降低噪声影响；③从声环境影响角度评价建设项目实施的可行性；④为建设项目优化选址、选线、合理布局以及国土空间规划提供科学依据。

29. A 【解析】声环境质量评价量见下表。

<table>
<tr><th rowspan="2">适用范围</th><th rowspan="2">依据</th><th colspan="4">评价量</th></tr>
<tr><th>昼间等效A声级 L_d</th><th>夜间等效A声级 L_n</th><th>最大A声级 L_{Amax}</th><th>计权等效连续感觉噪声级 L_{WECPN}</th></tr>
<tr><td>其他</td><td>《声环境质量标准》</td><td>√</td><td>√</td><td>夜间突发</td><td>×</td></tr>
<tr><td>机场周围受飞机起、降、低空飞越噪声影响的区域</td><td>《机场周围飞机噪声环境标准》/《机场周围飞机噪声测量方法》</td><td>×</td><td>×</td><td>×</td><td>√</td></tr>
</table>

30. A 【解析】机场项目噪声评价范围见下表。

<table>
<tr><th>机场类别</th><th>起降架次 N（单条跑道承担量）</th><th>跑道两端推荐评价范围</th><th>跑道两侧推荐评价范围</th></tr>
<tr><td rowspan="2">运输机场</td><td>$N \geqslant 15$ 万架次/年</td><td>两端各 12km 以上</td><td>两侧各 3km</td></tr>
<tr><td colspan="3">……</td></tr>
<tr><td rowspan="2">通用机场</td><td>无直升飞机</td><td>两端各 3km</td><td>两侧各 0.5km</td></tr>
<tr><td>有直升飞机</td><td>两端各 3km</td><td>两侧各 1km</td></tr>
</table>

31. A 【解析】项目声环境现状调查的内容和方法见下表。

<table>
<tr><th rowspan="2">类别</th><th colspan="2">调查内容</th><th colspan="2">调查方法</th></tr>
<tr><th>一、二级</th><th>三级</th><th>一、二级</th><th>三级</th></tr>
<tr><td>有代表性保护目标</td><td colspan="2" rowspan="2">名称、地理位置、行政区划、所在声环境功能区、不同声环境功能区内人口分布情况、与建设项目的空间位置关系、建筑情况等</td><td>现场监测</td><td>收集已有资料或现场监测</td></tr>
<tr><td>其余保护目标</td><td>类比或现场监测结合模型计算</td><td>—</td></tr>
<tr><td>有明显影响现状声源</td><td>名称、类型、数量、位置、源强等</td><td>—</td><td>收集资料法或现场监测法</td><td>—</td></tr>
</table>

32. C 【解析】声环境影响预测内容见下表。

<table>
<tr><th>预测时段</th><th>项目类别</th><th>预测内容</th><th>评价内容</th><th>等声级线图</th></tr>
<tr><td rowspan="2">施工期+运营期</td><td rowspan="2">所有项目</td><td>厂界（场界、边界）噪声贡献值</td><td rowspan="2">达标和超标情况</td><td rowspan="4">一级评价应绘制运行期代表性评价水平年噪声贡献值等声级线图，二级评价根据需要绘制等声级线图</td></tr>
<tr><td>保护目标处贡献值+预测值</td></tr>
<tr><td rowspan="2">通过时段</td><td>铁路、城市轨道交通</td><td>声环境保护目标处的等效连续A声级</td><td>—</td></tr>
<tr><td>机场</td><td>单架航空器通过时在声环境保护目标处的最大A声级</td><td>—</td></tr>
</table>

33. A 【解析】噪声防治措施应坚持统筹规划、源头防控、分类管理、社会共治、损害担责的原则。

34. B 【解析】《环境影响评价技术导则 土壤环境》适用于化工、冶金、矿山采掘、农林、水利等可能对土壤环境产生影响的建设项目土壤环境影响评价，不适用于核与辐射建设项目的土壤环境影响评价。

35. C 【解析】生态影响型影响后果包括盐化、酸化、碱化。建设项目所在地土壤环境敏感程度分为敏感、较敏感、不敏感。同一建设项目涉及两个或两个以上场地或地区，应分别判定其敏感程度，选项C错误。产生两种或两种以上生态影响后果的，敏感程度按相对最高级别判定。

36. B 【解析】生态影响型建设项目土壤环境影响途径包括物质输入/运移、水位变化。建设项目土壤环境影响途径主要包括大气沉降、地面漫流、垂直入渗等。

37. B 【解析】根据《环境影响评价技术导则 土壤环境（试行）》，现状监测布点类型与数量见下表。

评价工作等级		占地范围内	占地范围外
一级	生态影响型	5个表层样点	6个表层样点
	污染影响型	5个柱状样点，2个表层样点	4个表层样点
二级	生态影响型	3个表层样点	4个表层样点
	污染影响型	3个柱状样点，1个表层样点	2个表层样点
三级	生态影响型	1个表层样点	2个表层样点
	污染影响型	3个表层样点	—

38. C 【解析】在充分收集资料的基础上，根据土壤环境影响类型、建设项目特征与评价需要，有针对性地选择土壤理化特性调查内容，主要包括土体构型、土壤结构、土壤质地、阳离子交换量、氧化还原电位、饱和导水率、土壤容重、孔隙度等；土壤环境生态影响型建设项目还应调查植被、地下水位埋深、地下水溶解性总固体等。选项C属于地下水环境现状调查中水文地质条件调查内容。

39. B 【解析】现状监测布点的部分相关内容见下表。

情形	位置	数量及类型
每种土壤类型	未受/相对未受人为污染的区域	≥1个表层样监测点
垂直入渗	主要产污装置区	柱状样
大气沉降	占地范围外主导风向的上、下风向（最大落地浓度点可增设）	各1个表层样监测点
地面漫流	占地范围外的上、下游	各1个表层样监测点
土壤环境已存在污染风险的	可能受影响最重的区域	—
一、二级改、扩建	现有工程厂界外敏感目标处	—
线性工程	站场位置（涉及危化品等，考虑敏感目标或厂区平面布局）	—
大气沉降＋改、扩建	可在主导风向下风向适当增加	—

40. B 【解析】建设项目土壤环境保护措施见下表。

类型		具体措施
生态影响型	酸化、碱化影响	调节土壤pH值
	盐化影响	排水排盐/降低地下水位

续表

类型		具体措施
污染影响型	大气沉降影响	绿化，以种植具有较强吸附能力的植物为主
	地面漫流影响	优化地面布局，必要时设置地面硬化、围堰或围墙
	入渗途径影响	对设备设施采取相应的防渗措施

41. D 【解析】法定生态保护区域包括：依据法律法规、政策等规范性文件划定或确认的国家公园、自然保护区、自然公园等自然保护地、世界自然遗产、生态保护红线等区域。

42. A 【解析】生态敏感区中重要生境包括：重要物种的天然集中分布区、栖息地，重要水生生物的产卵场、索饵场、越冬场和洄游通道，迁徙鸟类的重要繁殖地、停歇地、越冬地以及野生动物迁徙通道等。

43. A 【解析】建设项目环境评价等级划分见下表。当评价等级判定同时符合表中多种情况时，应采用其中最高的评价等级。

评价等级	涉及区域
一级	国家公园、自然保护区、世界自然遗产、重要生境
二级	自然公园
不低于二级	生态保护红线
	水文要素影响型且地表水评价等级不低于二级的建设项目
	地下水水位或土壤影响范围内分布有天然林、公益林、湿地等生态保护目标的建设项目
	工程占地规模大于 $20km^2$（包括永久和临时占用陆域和水域；改扩建项目以新增占地计）
三级	其他情况

44. D 【解析】线性工程穿越生态敏感区时，以线路穿越段向两端外延 1km、线路中心线向两侧外延 1km 为参考评价范围，实际确定时应结合生态敏感区主要保护对象的分布、生态学特征、项目的穿越方式、周边地形地貌等适当调整，主要保护对象为野生动物及其栖息地时，应进一步扩大评价范围，涉及迁徙、洄游物种的，其评价范围应涵盖工程影响的迁徙、洄游通道范围；穿越非生态敏感区时，以线路中心线向两侧外延 300m 为参考评价范围。

45. D 【解析】项目涉及生态敏感区时，应开展专题调查，选项 A 正确。工程永久占用或施工临时占用区域应在收集资料基础上开展详细调查，查明占用区域是否分布有重要物种及重要生境，选项 B、C 正确。三级评价现状调查以收集有效资料为主，可开展必要的遥感调查或现场校核，选项 D 错误。

46. D 【解析】生态现状评价的相关内容见下表。

评价等级	受影响对象	评价图	评价方法
一、二级	植被	植被类型图	植被覆盖度
	土地	土地利用现状图	—
	物种/生境	重要物种/生境分布图，迁徙、洄游路线图	—

续表

评价等级	受影响对象	评价图	评价方法
一、二级	生态系统	生态系统类型分布图	生物量、生产力、生态系统服务功能/生物完整性指数
	物种多样性	—	物种丰富度/香农-威纳多样性指数/Pielou 均匀度指数/Simpson 优势度指数
	生态敏感区	—	—
三级	植被	植被类型图	定性描述或面积、比例等定量指标
	土地	土地利用现状图	
	野生动植物	生态保护目标分布图	

47. C　**【解析】**《建设项目环境风险评价技术导则》适用于涉及有毒有害和易燃易爆危险物质生产、使用、储存（包括使用管线输运）的建设项目可能发生的突发性事故（不包括人为破坏及自然灾害引发的事故）的环境风险评价，不适用于生态风险评价及核与辐射类建设项目的环境风险评价。

48. D　**【解析】**风险源：存在物质或能量意外释放，并可能产生环境危害的源。

49. D　**【解析】**环境风险评价基本内容包括风险调查、环境风险潜势初判、风险识别、风险事故情形分析、风险预测与评价、环境风险管理（明确环境风险防范措施及突发环境事件应急预案编制要求）等。

50. B　**【解析】**大气环境风险评价范围：一级、二级评价距建设项目边界一般不低于5km；三级评价距建设项目边界一般不低于3km。

51. A　**【解析】**事故废水环境风险防控要明确“单元—厂区—园区/区域”的环境风险防控体系要求，设置事故废水收集（尽可能以非动力自流方式）和应急储存设施，以满足事故状态下收集泄漏物料、污染消防水和污染雨水的需要，明确并图示防止事故废水进入外环境的控制、封堵系统。选项 A 属于大气风险防范措施。

52. D　**【解析】**《规划环境影响评价技术导则　总纲》适用于国务院有关部门、设区的市级以上地方人民政府及其有关部门组织编制的土地利用的有关规划，区域、流域、海域的建设、开发利用规划，以及工业、农业、畜牧业、林业、能源、水利、交通、城市建设、旅游、自然资源开发的有关专项规划的环境影响评价。其他规划的环境影响评价可参照执行。

53. C　**【解析】**生态空间：具有自然属性、以提供生态服务或生态产品为主体功能的国土空间，包括森林、草原、湿地、河流、湖泊、滩涂、岸线、海洋、荒地、荒漠、戈壁、冰川、高山冻原、无居民海岛等区域，是保障区域生态系统稳定性、完整性，提供生态服务功能的主要区域。

54. B　**【解析】**环境影响预测与评价的基本要求：①主要针对环境影响识别出的资源、生态、环境要素，开展多情景的影响预测与评价，一般包括预测情景设置、规划实施生态环境压力分析，环境质量、生态功能的影响预测与评价，对环境敏感区和重点生态功能区的影响预测与评价，环境风险预测与评价，资源与环境承载力评估等内容。②环境影响预测与评价应给出规划实施对评价区域资源、生态、环境的影响程度和范围，叠加环境质量、生态功能和资源利用现状，分析规划实施后能否满足环境目标要求，评估区域资源与环境承载能力。③应充分考虑不同层级和属性规划的环境影响特征以及决策需求，采用定性和定量相结合的方式开展评价。对主要环境要素的影响预测和评价可参考相应的环境影响评价技术导则来进行。选项 B 属于现状调查与评价阶段内容。

55. D　**【解析】**规划方案综合论证和优化调整建议基本要求：以改善环境质量和保障

生态安全为核心，综合环境影响预测与评价结果，论证规划目标、规模、布局、结构等规划内容的环境合理性以及评价设定的环境目标的可达性，分析判定规划实施的重大资源、生态、环境制约的程度、范围、方式等，提出规划方案的优化调整建议并推荐环境可行的规划方案。如果规划方案优化调整后资源、生态、环境仍难以承载，不能满足资源利用上线和环境质量底线要求，应提出规划方案的重大调整建议。

56. A　【解析】时间维度上，应包括产业园区整个规划期，并将规划近期作为评价的重点时段。

57. C　【解析】与上位和同层位规划的协调性分析：分析产业园区规划与上位和同层位生态环境保护法律、法规、政策及国土空间规划、产业发展规划等相关规划的符合性和协调性，明确在空间布局、资源保护与利用、生态保护、污染防治、节能降碳、风险防控要求等方面的不协调或潜在冲突。

58. B　【解析】规划实施生态环境压力分析应结合主要污染物排放强度及污染控制水平、碳排放特征、产业园区污染集中处理、资源能源集约利用水平，设置不同情景方案，评估产业园区水资源、土地资源、能源等需求量，主要污染物排放量及碳排放水平。

59. D　【解析】生态环境较敏感或生态功能显著退化的产业园区，应提出生态功能修复和生物多样性保护的对策和措施，包括生态修复、生态廊道构建、生态敏感区保护及绿化隔离带或防护林等缓冲带建设等。

60. C　【解析】地下水环境影响预测与评价：结合产业园区水文地质特征和包气带防护性能，分析、识别规划主要污染产业、污水或危险废物等集中处理设施建设等，可能污染地下水的主要污染物、污染途径及污染物在含水层中的运移、吸附与解析过程，综合评价产业及基础设施布局的环境合理性；涉及重金属及有毒有害物质排放或位于地下水环境敏感区的产业园区，可采用定量预测方法，分区评价污水排放、有毒有害物质泄漏或污水（渗滤液）渗漏等对地下水环境及环境敏感区的影响程度、影响范围和风险可控性。

61. B　【解析】根据规划期内新建的控制性工程以及已建、在建工程的不同调度运行工况、阶段，从规划规模、布局、建设时序等方面，开展多种情景（或运行工况）规划环境影响预测与评价。

62. D　【解析】集中式生活饮用水地表水源地水质评价的项目应包括基本项目、补充项目以及由县级以上人民政府环境保护行政主管部门选择确定的特定项目。

63. B　【解析】调查监测频率：潜水应不少于2次/年（丰水期、枯水期各一次），承压水宜1次/年。

64. A　【解析】按照海域的不同使用功能和保护目标，海水水质分为四类，见下表。

第一类	适用于海洋渔业水域，海上自然保护区和珍稀濒危海洋生物保护区
第二类	适用于水产养殖区，海水浴场，人体直接接触海水的海上运动或娱乐区，以及与人类食用直接有关的工业用水区
第三类	适用于一般工业用水区，滨海风景旅游区
第四类	适用于海洋港口水域，海洋开发作业区

65. C　【解析】根据监测对象和目的，环境噪声监测分为声环境功能区监测和噪声敏感建筑物监测两种类型。

66. B　【解析】城市各类区域铅垂向Z振级标准值见下表。

地带	铅垂向Z振级标准值/dB	
	昼间	夜间
特殊住宅区	65	65

续表

地带	铅垂向Z振级标准值/dB	
	昼间	夜间
居民区、文教区	70	67
混合区、商业中心区	75	72
工业集中区	75	72
交通干线道路两侧	75	72
铁路干线两侧	80	80

67. C　**【解析】**建设用地规划用途为第一类用地的，适用第一类用地的筛选值和管制值；规划用途为第二类用地的，适用第二类用地的筛选值和管制值。规划用途不明确的，适用第一类用地的筛选值和管制值。建设用地土壤中污染物含量等于或者低于风险筛选值的，建设用地土壤污染风险一般情况下可忽略。

68. D　**【解析】**《电磁环境控制限值》规定了电磁环境中控制公众曝露的电场、磁场、电磁场（1Hz～300GHz）的场量限值、评价方法和相关设施（设备）的豁免范围。《电磁环境控制限值》适用于电磁环境中控制公众曝露的评价和管理，不适用于控制以治疗或诊断为目的所致病人或陪护人员曝露的评价与管理，不适用于控制无线通信终端、家用电器等对使用者曝露的评价与管理，也不能作为对产生电场、磁场、电磁场设施（设备）的产品质量要求。

69. D　**【解析】**两个排放相同污染物（不论其是否由同一生产工艺过程产生）的排气筒，若其距离小于其几何高度之和，应合并视为一根等效排气筒；若有三根以上的近距排气筒，且排放同一种污染物时，应用前两根的等效排气筒依次与第三、四根排气筒取等效值。

70. B　**【解析】**《工业企业厂界环境噪声排放标准》适用于工业企业、机关、事业单位、团体噪声排放的管理、评价及控制。《社会生活环境噪声排放标准》适用于营业性文化娱乐场所、商业经营活动。

71. D　**【解析】**建筑施工过程中场界环境噪声：昼间、夜间等效声级限值分别为70dB（A）、55dB（A）。夜间噪声最大声级超过限值的幅度不得高于15dB（A）。昼间最大无明确要求。

72. C　**【解析】**排污单位经烟气排气筒（高度在15m以上）排放的恶臭污染物的排放量和臭气浓度都必须低于或等于恶臭污染物排放标准。排污单位排放（包括泄漏和无组织排放）的恶臭污染物，在排污单位边界上规定监测点（无其他干扰因素）的一次最大监测值（包括臭气浓度）都必须低于或等于恶臭污染物厂界标准值。

73. B　**【解析】**20t/h及以上蒸汽锅炉和14MW及以上热水锅炉应安装污染物排放自动监控设备，与环保部门的监控中心联网，并保证设备正常运行，按有关法律和《污染源自动监控管理办法》的规定执行。

74. A　**【解析】**《固体废物鉴别标准　通则》规定了依据产生来源的固体废物鉴别准则、在利用和处置过程中的固体废物鉴别准则、不作为固体废物管理的物质、不作为液态废物管理的物质以及监督管理要求。《固体废物鉴别标准　通则》不适用于放射性废物的鉴别，不适用于固体废物的分类，也不适用于有专用固体废物鉴别标准的物质的固体废物鉴别。从产生来源判断，属于“固体废物”的有以下四类：①丧失原有使用价值的物质；②生产过程中产生的副产物；③环境治理和污染控制过程中产生的物质；④其他。

75. B　**【解析】**生活垃圾填埋场的选址应符合区域性环境规划、环境卫生设施建设规划和当地的城市规划。生活垃圾填埋场场址的选择应避开下列区域：破坏性地震及活动构造区；活动中的坍塌、滑坡和隆起地带；活动中的断裂带；石灰岩溶洞发育带；废弃矿区的活动塌陷区；活动沙丘区；海啸及涌浪影响区；湿地；尚未稳定的冲积扇及冲沟地区；泥炭以及其他可能危及填埋场安全的区域。

76. A 【解析】污染物的监测频次见下表。颗粒物应在线实时监测。

大气污染物/焚烧炉技术指标	生活垃圾焚烧厂监测频次	生态环境主管部门监测频次
焚烧炉渣热灼减率	每周至少1次	每季度至少1次
重金属	每月至少1次	每季度至少1次
其他大气污染物	按有关规定和要求执行	—
二噁英	每年至少1次	每年至少1次
焚烧炉运行工况在线监测指标应至少包括烟气中CO浓度和炉膛内焚烧温度		
烟气在线监测指标应至少包括烟气中CO、颗粒物、SO_2、NO_x和HCl		

77. B 【解析】贮存设施产生的废水（包括贮存设施、作业设备、车辆等清洗废水，贮存罐区积存雨水，贮存事故废水等）应进行收集处理，废水排放应符合《污水综合排放标准》规定的要求。

78. C 【解析】《危险废物填埋污染控制标准》适用于新建危险废物填埋场的建设、运行、封场及封场后环境管理过程的污染控制。现有危险废物填埋场的入场要求、运行要求、污染物排放要求、封场及封场后环境管理要求、监测要求按照该标准执行。该标准适用于生态环境主管部门对危险废物填埋场环境污染防治的监督管理，不适用于放射性废物的处置及突发事故产生危险废物的临时处置。

79. B 【解析】焚烧设施厂址应与敏感目标之间设置一定的防护距离，防护距离应根据厂址条件、焚烧处置技术工艺、污染物排放特征及其扩散因素等综合确定，并应满足环境影响评价文件及审批意见要求。

80. B 【解析】贮存场和填埋场一般应包括以下单元：①防渗系统、渗滤液收集和导排系统；②雨污分流系统；③分析化验与环境监测系统；④公用工程和配套设施；⑤地下水导排系统和废水处理系统（根据具体情况选择设置）。

二、不定项选择题

81. ABC 【解析】根据污染物产生环节（包括生产、装卸、储存、运输）、产生方式和治理措施，核算建设项目有组织与无组织、正常工况与非正常工况下的污染物产生和排放强度，给出污染因子及其产生和排放的方式、浓度、数量等。

82. ACD 【解析】空气质量模型指采用数值方法模拟大气中污染物的物理扩散和化学反应的数学模型，包括高斯扩散模型和区域光化学网格模型。高斯扩散模型：也叫高斯烟团或烟流模型，简称高斯模型。

83. ABC 【解析】水环境影响评价应满足的部分要求：①排放口所在水域形成的混合区，应限制在达标控制（考核）断面以外水域，且不得与已有排放口形成的混合区叠加，混合区外水域应满足水环境功能区或水功能区的水质目标要求。②水环境功能区或水功能区、近岸海域环境功能区水质达标。评价建设项目建成以后各预测时期水环境功能区或水功能区、近岸海域环境功能区达标状况。③满足水环境保护目标水域水环境质量要求。评价水环境保护目标水域各预测时期的水质（包括水温）变化特征、影响程度与达标状况。④对于新设或调整入河（湖库、近岸海域）排放口的建设项目，应包括排放口设置的环境合理性评价。由①可知选项D错误。

84. AB 【解析】地下水环境影响预测范围一般与调查评价范围一致。预测层位应以潜水含水层或污染物直接进入的含水层为主，兼顾与其水力联系密切且具有饮用水开发利用价值的含水层。

85. AD 【解析】海水水质保护措施（部分）：①采取的污水处理方案要实现达标排放，并对入海排污口设置及排放方式开展优化论证；②建设项目选择水污染治理方案时，应综合考虑经济成本和污染治理效果，兼顾减污降碳协同控制要求，选择可行的污染防治技术方案；③向水质环境现状超标海域排放超标因子有关的污染物的建设项目，应优先考虑污染治理效果，结合评价海域水质改善目标和污染物区域削减方案，选择最佳的污染防治技术方案。④位于河口、海湾并造成纳潮量或水交换能力下降的1级评价项目，或向现状已经超标海域排放超标因子有关污染物的建设项目，应根据陆海统筹原则提出改善环境质量的区域削减措施建议。

86. ABCD 【解析】工业企业建设项目室内噪声源调查内容包括声源源强、声源控制措施、空间相对位置、距室内边界距离、室内边界声级、运行时段、建筑物插入损失、建筑物外噪声等。

87. ABCD 【解析】参照土壤环境影响评价自查表，概括建设项目的土壤环境现状、预测评价结果、防控措施及跟踪监测计划等内容，从土壤环境影响的角度，总结项目建设的可行性。

88. ACD 【解析】生态敏感区中重要生境包括：重要物种的天然集中分布区、栖息地，重要水生生物的产卵场、索饵场、越冬场和洄游通道，迁徙鸟类的重要繁殖地、停歇地、越冬地以及野生动物迁徙通道等。

89. AB 【解析】大气环境风险预测：①一级评价需选取最不利气象条件和事故发生地的最常见气象条件，选择适用的数值方法进行分析预测，给出风险事故情形下危险物质释放可能造成的大气环境影响范围与程度；②二级评价需选取最不利气象条件，选择适用的数值方法进行分析预测，给出风险事故情形下危险物质释放可能造成的大气环境影响范围与程度；③三级评价应定性分析说明大气环境影响后果。

90. ABD 【解析】如果区域环境质量不达标，现有污染源提出削减计划，严格控制新增污染物排放的开发建设活动，新建、改扩建项目应提出更加严格的污染物排放控制要求；如果区域未完成环境质量改善目标，禁止新增重点污染物排放的建设项目。如果区域环境质量达标，新建、改扩建项目保证区域环境质量维持基本稳定。

91. ACD 【解析】分行业提出规划所含建设项目环境影响评价重点内容和基本要求。对符合产业园区环境准入的建设项目，提出简化入园建设项目环境影响评价的建议：①对不涉及特定保护区域、环境敏感区，且满足重点管控区域准入要求的建设项目，可提出简化选址环境可行性和政策符合性分析，生态环境调查直接引用规划环境影响评价结论的建议。②对区域环境质量满足考核要求且持续改善、不新增特征污染物排放的建设项目，可提出直接引用符合时效的产业园区环境质量现状和固定、移动污染源调查结论，简化现状调查与评价内容的建议。③对依托产业园区供热、清洁低碳能源供应、VOCs等废气集中处理、污水集中处理、固体废物集中处置等公用设施的建设项目，可提出正常工况下的环境影响直接引用规划环境影响评价结论的建议。

92. ABCD 【解析】环境影响预测与评价的内容：①水文水资源影响预测与评价；②水环境影响预测与评价；③生态影响预测与评价；④生态风险评价。

93. AB 【解析】污染物浓度数据有效性的最低要求见下表。

污染物项目	平均时间	数据有效性规定
SO_2、NO_2、PM_{10}、$PM_{2.5}$、NO_x	年平均	每年至少有324个日平均浓度值； 每月至少有27个日平均浓度值（二月至少有25个日平均浓度值）
SO_2、NO_2、CO、PM_{10}、$PM_{2.5}$、NO_x	24h平均	每日至少有20h平均浓度值或采样时间
O_3	8h平均	每8h至少有6h平均浓度值
SO_2、NO_2、CO、O_3、NO_x	1h平均	每小时至少有45min的采样时间
TSP、BaP、Pb	年平均	每年至少有分布均匀的60个日平均浓度值； 每月至少有分布均匀的5个日平均浓度值
Pb	季平均	每季至少有分布均匀的15个日平均浓度值； 每月至少有分布均匀的5个日平均浓度值
TSP、BaP、Pb	24h平均	每日应有24h的采样时间

94. ABD 【解析】农用地土壤污染风险筛选值的基本项目为必测项目。风险筛选值其他项目由地方环境保护主管部门根据本地区土壤污染特点和环境管理需求进行选择。针对农用地土壤污染风险筛选值，重金属和类金属砷均按元素总量计；对于水旱轮作地，采用其中较严格的风险筛选值。

95. ABD 【解析】不同执行标准的适用范围见下表。

执行标准/限值要求	适用范围	
	《地表水环境质量标准》	《海水水质标准》
禁止新建排污口，现有排污口实行污染物总量控制	Ⅰ、Ⅱ类水域和Ⅲ类水域中划定的保护区	一类海域
一级标准	Ⅲ类水域（划定的保护区和游泳区除外）	二类海域
二级标准	Ⅳ、Ⅴ类水域	三类海域
三级标准	设置二级污水处理厂的城镇排水系统的污水	

96. BC 【解析】厂界噪声测量结果修正见下表［单位：dB（A）］。

测量值与背景值差值	<3	3	4～5	6～10	>10
修正值	应采取措施降低背景噪声后，视情况执行；仍无法满足要求的，应按环境噪声监测技术规范的有关规定执行	−3	−2	−1	不做修正

97. AC 【解析】VOCs 废气收集处理系统应与生产工艺设备同步运行。VOCs 废气收集处理系统发生故障或检修时，对应的生产工艺设备应停止运行，待检修完毕后同步投入使用；生产工艺设备不能停止运行或不能及时停止运行的，应设置废气应急处理设施或采取其他替代措施。

98. ABC 【解析】下列废物可以直接进入生活垃圾焚烧炉进行焚烧处置：①由环境卫生机构收集或者生活垃圾产生单位自行收集的混合生活垃圾；②由环境卫生机构收集的服装加工、食品加工以及其他为城市生活服务的行业产生的性质与生活垃圾相近的一般工业固体废物；③生活垃圾堆肥处理过程中筛分工序产生的筛上物，以及其他生化处理过程中产生的固态残余组分；④按照相关要求进行破碎毁形和消毒处理并满足消毒效果检验指标的《医疗废物分类目录》中的感染性废物。在不影响生活垃圾焚烧炉污染物排放达标和焚烧炉正常运行的前提下，生活污水处理设施产生的污泥和一般工业固体废物可以进入生活垃圾焚烧炉进行焚烧处置。

99. ABCD 【解析】除不得填埋的废物，满足下列条件或经预处理满足下列条件的废物，可进入柔性填埋场：①根据《固体废物 浸出毒性浸出方法 硫酸硝酸法》制备的浸出液中有害成分浓度不超过允许填埋控制限值的废物；②根据《固体废物 腐蚀性测定 玻璃电极法》测得浸出液 pH 值在 7.0～12.0 之间的废物；③含水率低于 60％的废物；④水溶性盐总量小于 10％的废物；⑤有机质含量小于 5％的废物；⑥不再具有反应性、易燃性的废物。

100. AD 【解析】进入Ⅱ类场的一般工业固体废物应满足以下要求：①有机质含量小于 5％（煤矸石除外）；②水溶性盐总量小于 5％。食品制造业、纺织服装和服饰业、造纸和纸制品业、农副食品加工业等为日常生活提供服务的活动中产生的与生活垃圾性质相近的一般工业固体废物，及有机质含量超过 5％的一般工业固体废物（煤矸石除外），其直接贮存、填埋处置应符合《生活垃圾填埋场污染控制标准》要求；经处理并满足要求后仅可进入Ⅱ类场贮存、填埋。

准考证号：

考生姓名：

工作单位：

2024 年全国环境影响评价工程师职业资格考试

环境影响评价技术导则与标准

考生注意事项

1. 答题前，考生须在试题册指定位置上填写工作单位、考生姓名和准考证号；在答题卡指定位置上填写考生姓名和准考证号，并涂写准考证号信息点。
2. 选择题的答案必须涂写在答题卡相应题号的选项上，非选择题的答案必须书写在答题卡指定位置的边框区域内。超出答题区域书写的答案无效；在草稿纸、试题册上答题无效。
3. 填（书）写部分必须使用黑色字迹签字笔或者钢笔书写，字迹工整、笔迹清楚；涂写部分必须使用 2B 铅笔填涂。
4. 考试结束，将答题卡和试题册按规定交回。

一、单项选择题（共80题，每题1分。每题的备选项中，只有1个最符合题意）

1. 根据《生态环境标准管理办法》，生态环境标准不包括（　　）。

A. 声环境质量标准

B. 民用建筑隔声设计规范

C. 铁路边界噪声限值及其测量方法

D. 声环境功能区划分技术规范

2. 根据《建设项目环境影响评价技术导则　总纲》，环境保护目标是指（　　）内的环境敏感区及需要特殊保护的对象。

A. 现状调查范围

B. 环境影响预测范围

C. 环境影响评价范围

D. 建设项目占地范围

3. 根据《环境影响评价技术导则　大气环境》，大气污染物非正常排放情形不包括（　　）。

A. 锅炉点火时的大气污染物排放

B. 焦化炉检修时的大气污染物排放

C. 布袋除尘器损坏情况下的大气污染物排放

D. 液氨管道泄漏时的大气污染物排放

4. 某拟建化工项目应编制环境影响评价报告书，大气污染物由多个污染源排放，经计算其中一个污染源排放的主要污染物最大地面空气质量浓度占标率（P_{max}）分别为2.76%、0.83%、0.15%。根据《环境影响评价技术导则　大气环境》，该项目大气环境影响评价工作等级为（　　）。

A. 一级　　　　B. 二级

C. 三级　　　　D. 简单分析

5. 根据《环境影响评价技术导则　大气环境》，下列关于三级评价项目环境空气质量现状调查内容的说法，正确的是（　　）。

A. 应调查项目所在区域基本污染物环境质量达标情况

B. 调查项目所在区域其他污染物环境质量达标情况

C. 调查评价范围内有环境质量标准的评价因子的环境质量监测数据

D. 现有数据不足时，进行补充监测

6. 根据《环境影响评价技术导则　大气环境》，下列监测位置中，符合一类区补充监测布点要求的是（　　）。

A. 疗养院内

B. 有采暖烟囱的民房

C. 道路两侧的居民楼

D. 不受人为活动影响的区域

7. 某开发区规划环评现状调查期间，收集到评价基准年臭氧长期监测数据。根据《环境影响评价技术导则　大气环境》，对开发区臭氧现状评价适用的数据是（　　）。

A. 年平均质量浓度

B. 百分位数 24h 平均浓度

C. 百分位数 8h 平均质量浓度

D. 1h 平均质量浓度

8. 根据《环境影响评价技术导则　大气环境》，改扩建项目现状工程的污染源调查数据来源不包括（　　）。

A. 补充监测数据

B. 源强核算技术指南物料衡算数据

C. 自主验收报告

D. 年度排污许可执行报告

9. 某建设项目大气环境影响评价范围涉及某自然保护区，需预测二次污染物 $PM_{2.5}$。根据《环境影响评价技术导则　大气环境》，该项目大气环境影响预测范围应覆盖（　　）。

A. 各污染物短期浓度贡献值占标率大于 5%的区域

B. 该自然保护区实验区及外围保护地带

C. $PM_{2.5}$年平均质量浓度贡献值占标率大于 0.5%的区域

D. 对该自然保护区最大环境影响区域

10. 根据《环境影响评价技术导则　大气环境》，大气环境影响评价结论与建议的内容不包括（　　）。

A. 大气环境防护距离

B. 评价范围内污染源调查结论

C. 污染物排放量核算结果

D. 污染控制措施可行性

11. 根据《环境影响评价技术导则　地表水环境》，下列关于水污染当量的说法，错误的是（　　）。

A. 是衡量不同污染物对地表水环境污染的综合性指标

B. 是衡量不同污染物对地表水环境污染的计量单位

C. 确定水污染当量需要根据污染物或者污染排放活动对地表水环境的有害程度

D. 确定水污染当量不需要考虑污染排放处理的技术经济性

12. 根据《环境影响评价技术导则　地表水环境》，下列关于水污染影响型建设项目评价因子筛选的说法，错误的是（　　）。

A. 所在区域地表水常规监测资料中浓度值最大的污染物应作为评价因子

B. 行业污染物排放标准中涉及的水污染物应作为评价因子

C. 水温应作为评价因子

D. 建设项目排放的，且为建设项目所在控制单元潜在污染因子（指近三年来水质浓度值呈上升趋势的水质因子）

13. 根据《环境影响评价技术导则　地表水环境》，确定水污染影响型建设项目评价工作等级的依据不包括（　　）。

A. 水污染当量　　B. 排放量

C. 受纳水体环境质量现状　　D. 排放规律（连续、间断排放）

14. 根据《环境影响评价技术导则　地表水环境》，下列水文要素影响型建设项目中，环境影响评价工作等级确定为一级的是（　　）。

A. 混合型水库　　B. 允许在一类海域建设的项目

C. 引水式电站　　D. 涉及自然保护区的建设项目

15. 根据《环境影响评价技术导则　地表水环境》，兼有水温与径流要素影响的建设项目，关于确定其评价范围的说法，正确的是（　　）。

A. 以建设项目形成水温分层水域，以及下游未恢复到天然（或建设项目建设前）水温的水域为评价范围

B. 以水体天然性状发生变化的水域，以及下游增减水影响水域为评价范围

C. 任取水温要素影响评价范围或径流要素影响评价范围二者其一作为评价范围

D. 以两者评价范围的外包线作为评价范围

16. 某水污染影响型建设项目受纳水体为河流，河段不受回水影响。根据《环境影响评价技术导则　地表水环境》，下列关于该项目排放口上游水环境现状调查范围的说法，正确的是（　　）。

A. 调查范围原则上与下游调查的河段长度相等

B. 调查范围宜不小于 500m

C. 调查范围为排放口至水功能区上边界

D. 调查范围为排放口至上游常规监测断面

17. 根据《环境影响评价技术导则　地表水环境》，确定水环境现状调查因子不需考虑（　　）。

A. 评价工作等级

B. 评价范围水环境质量管理要求

C. 建设项目水污染物排放特点

D. 水环境影响预测评价要求

18. 根据《环境影响评价技术导则　地表水环境》，水库项目库区水文情势预测分析因子不包括（　　）。

A. 湖库水域面积　　B. 水力停留时间

C. 含氧量　　D. 蓄水量

19. 根据《环境影响评价技术导则　地下水环境》，该标准定义的“地下水”是指地面以下饱和含水层中的（　　）。

A. 结合水　　B. 重力水

C. 毛细水　　　　　　　　　　D. 薄膜水

20. 根据《环境影响评价技术导则　地下水环境》，下列区域中，地下水环境敏感程度不能判定为“敏感”的是（　　）。

A. 规划的集中式饮用水水源准保护区

B. 地下热水资源保护区

C. 矿泉水资源保护区

D. 地质遗迹保护区

21. 某建设项目涉及选矿场和尾矿库两个场地，根据《环境影响评价技术导则　地下水环境》，下列关于该项目评价工作等级的说法，正确的是（　　）。

A. 按选矿场判定评价工作等级开展评价工作

B. 按尾矿库判定评价工作等级开展评价工作

C. 两个场地分别判定工作等级，并按最高等级开展评价工作

D. 两个场地分别判定工作等级，并按相应等级开展评价工作

22. 根据《环境影响评价技术导则　地下水环境》，地下水环境现状监测点布设原则不包括（　　）。

A. 控制性布点与功能性布点相结合

B. 现状监测井的布设应兼顾地下水环境影响跟踪监测计划

C. 当现有监测点不能满足监测要求时，应布设新的地下水现状监测井

D. 应兼顾地下水应急响应预案要求

23. 根据《环境影响评价技术导则　地下水环境》，现状监测结果应进行统计分析，不需给出的数据是（　　）。

A. 标准差　　　　　　　　　　B. 检出率

C. 检出限　　　　　　　　　　D. 超标率

24. 根据《环境影响评价技术导则　地下水环境》，当建设项目场地潜水埋深不足 100m 时，关于该项目地下水环境影响预测内容的说法，错误的是（　　）。

A. 给出特征因子不同时段的影响范围、程度，最大迁移距离

B. 给出预测期内场地边界或地下水环境保护目标处特征因子随时间的变化规律

C. 污染场地修复治理工程项目应给出污染物变化趋势或污染控制的范围

D. 须考虑包气带阻滞作用，预测特征因子在包气带中的迁移规律

25. 根据《海洋工程环境影响评价技术导则》，海洋生态环境敏感区不包括（　　）。

A. 重要的渔业水域　　　　　　B. 重要的海上风场

C. 河口海域　　　　　　　　　D. 海岛

26. 根据《环境影响评价技术导则　声环境》，下列声音中，不属于噪声的是（　　）。

A. 高速公路干扰住宅室外生活环境的声音

B. 民用机场干扰住宅室内生活环境的声音

C. 高速铁路运行产生的干扰列车驾驶室工作环境的声音

D. 地铁振动干扰住宅室内生活环境的二次结构声

27. 根据《环境影响评价技术导则　声环境》，下列关于点声源的说法，正确的是（　　）。

A. 是以柱面波形式辐射声波的声源

B. 声波波长远远大于声源几何尺寸的面状声源，可视为点声源

C. 点声源辐射声波的声压幅值不随传播距离改变

D. 点声源辐射声波的声压幅值与声波传播距离的平方根成反比

28. 某工业建设项目涉及固定声源和移动声源。根据《环境影响评价技术导则　声环境》，下列说法错误的是（　　）。

A. 只需评价项目固定声源的噪声影响

B. 无须评价项目周边固定声源和移动声源对本项目的影响

C. 应分别按固定声源和移动声源进行声环境影响评价

D. 同一声环境保护目标既受到固定声源影响，又受到移动声源（机场航空器噪声除外）影响时，应叠加环境影响后进行评价

29. 根据《环境影响评价技术导则　声环境》，机场噪声源强评价量包括（　　）。

A. 最大 A 声级　　　　B. A 计权声功率级

C. 有效感觉噪声级　　　　D. 倍频带声压级

30. 根据《环境影响评价技术导则　声环境》，噪声源源强核算应优先采取的方法是（　　）。

A. 行业污染源源强核算技术指南中规定的方法

B. 声源类比测量

C. 引用有效资料

D. 引用研究成果

31. 某高速公路建设项目评价等级为一级，根据《环境影响评价技术导则　声环境》，项目用地红线外 360m 处的贡献值刚好达到对应的声环境质量标准，该项目噪声评价范围应为（　　）。

A. 公路边界处 200m 范围内

B. 公路中心线外两侧 200m 范围内

C. 公路用地红线外两侧 200m 范围内

D. 公路用地红线外两侧 360m 范围内

32. 根据《环境影响评价技术导则　声环境》，声环境影响评价标准的确定依据是（　　）。

A. 建设项目类别

B. 声环境保护目标类别

C. 项目声源类别和所处的声环境功能区类别

D. 声环境保护目标类别和所处的声环境功能区类别

33. 某项目声源位于室内，根据《环境影响评价技术导则　声环境》，下列“①声源源强；②运行时段；③声源空间相对位置；④声源控制措施；⑤建筑物插入损失”五项中，工业企业室内声源源强至少要调查（　　）。

A. ①②③④　　B. ①②③⑤

C. ①②④⑤　　D. ①②③④⑤

34. 根据《环境影响评价技术导则　土壤环境（试行）》，该导则不适用于（　　）环境影响评价。

A. 输变电项目　　B. 钢铁冶炼项目

C. 矿山开采项目　　D. 水库建设项目

35. 根据《环境影响评价技术导则　土壤环境（试行）》，土壤环境生态影响是指（　　）。

A. 由于人为因素引起土壤环境特征变化导致其生态功能变化的过程或状态

B. 由于人为因素引起的土壤环境特征变化导致土壤质量恶化的过程或状态

C. 由于自然因素引起的土壤环境特征变化导致生态功能变化的过程或状态

D. 由于自然因素引起的土壤环境特征变化导致土壤质量恶化的过程或状态

36. 根据《环境影响评价技术导则　土壤环境（试行）》，土壤环境现状调查与评价阶段的工作内容不包括（　　）。

A. 土壤环境影响识别

B. 土壤环境理化特性调查

C. 土壤环境影响源调查

D. 土壤环境质量现状监测

37. 根据《环境影响评价技术导则　土壤环境（试行）》，土壤污染影响型建设项目影响途径不包括（　　）。

A. 大气沉降　　B. 地面漫流

C. 垂直入渗　　D. 水位变化

38. 根据《环境影响评价技术导则　土壤环境（试行）》，下列关于生态影响型Ⅰ类项目评价工作等级划分的说法，正确的是（　　）。

A. 位于敏感区的，评价等级为一级

B. 位于较敏感区的，评价等级为一级

C. 位于不敏感区的，评价等级为三级

D. 位于不敏感区的，可不开展评价

39. 根据《环境影响评价技术导则　土壤环境（试行）》，污染影响型建设项目评价工作等级划分依据不包括（　　）。

A. 项目类别　　B. 占地规模

C. 影响途径　　D. 敏感程度

40. 根据《环境影响评价技术导则　土壤环境（试行）》，土壤环境现状评价结论要求不包括（　　）。

A. 生态影响型建设项目应给出是否存在土壤盐化、酸化、碱化的现象

B. 生态影响型建设项目应明确盐化、酸化、碱化机理

C. 污染影响型建设项目应给出评价因子是否达标的结论

D. 污染影响型建设项目评价因子超标的，应分析超标原因

41. 根据《环境影响评价技术导则　生态影响》，生态敏感区不包括（　　）。

A. 自然保护地

B. 世界自然遗产区域

C. 生态保护红线区域

D. 永久基本农田保护区

42. 根据《环境影响评价技术导则　生态影响》，下列属于生物多样性指标的是（　　）。

A. 生产力　　B. 生物量

C. 物种丰富度　　D. 植被覆盖

43. 根据《环境影响评价技术导则　生态影响》，生态影响评价范围的参照边界不包括（　　）。

A. 气候单元　　B. 水文单元

C. 行政区划　　D. 生态单元

44. 根据《环境影响评价技术导则　生态影响》，下列情形中，建设项目生态影响评价等级判定错误的是（　　）。

A. 涉及自然保护区的，评价等级为一级

B. 涉及世界自然遗产的，评价等级为二级

C. 涉及生态保护红线的，评价等级不低于二级

D. 涉及天然林、湿地的，评价等级不低于二级

45. 根据《环境影响评价技术导则　生态影响》，下列关于生态现状调查要求的说法，错误的是（　　）。

A. 陆生生态一级评价时，每种群落类型设置的样方数量不少于 5 个

B. 陆生生态一级评价时，每种生境类型设置的野生动物调查样线数量不少于 5 条

C. 水生生态一级评价应开展丰水期、平水期和枯水期的调查

D. 水生生态二级评价至少获得一期（季）调查资料

46. 根据《环境影响评价技术导则　生态影响》，生态保护对策措施不包括（　　）。

A. 监督性措施　　B. 管理性措施

C. 监测性措施　　D. 科研性措施

47. 根据《建设项目环境风险评价技术导则》，下列适用于该导则的是（　　）。

A. 核设施建设　　B. 输变电项目

C. 交通事故引起的泄漏　　D. 人为破坏引发的事故

48. 根据《建设项目环境风险评价技术导则》，风险潜势为Ⅲ的建设项目环境风险评价工作等级为（　　）。

A. 一级　　B. 二级

C. 三级　　D. 简单分析

49. 根据《建设项目环境风险评价技术导则》，风险评价基本内容不包括（　　）。

A. 风险调查　　B. 风险预测

C. 风险管理　　D. 风险后评价

50. 根据《建设项目环境风险评价技术导则》，风险调查不包括（　　）。

A. 危险物质的来源　　B. 敏感目标的属性

C. 敏感目标的分布　　D. 危险物质安全技术说明书

51. 根据《建设项目环境风险评价技术导则》，环境风险事故情形设定内容不包括（　　）。

A. 危险单元　　B. 影响途径

C. 风险类型　　D. 环境敏感保护目标

52. 根据《规划环境影响评价技术导则　总纲》，规划环境影响评价的目的不包括（　　）。

A. 论证规划方案的生态环境合理性

B. 论证规划方案的环境效益

C. 提出生态环境保护建议和管控要求

D. 提出规划所含建设项目施工进度要求

53. 根据《规划环境影响评价技术导则　总纲》，下列不属于环境敏感区的是（　　）。

A. 重要湿地　　B. 封闭海域

C. 半封闭海域　　D. 开发区绿地

54. 根据《规划环境影响评价技术导则　总纲》，规划环境影响评价指标体系构建中涉及的指标不包括（　　）。

A. 清洁生产　　B. 环境质量

C. 污染排放　　D. 风险防控

55. 根据《规划环境影响评价技术导则　总纲》，规划的优化调整不包括（　　）。

A. 规划布局调整　　B. 规划规模调整

C. 规划建设时序调整　　D. 规划建设主体调整

56. 下列适用于《规划环境影响评价技术导则　产业园区》的是（　　）。

A. 省级经济技术开发区　　B. 省级交通项目

C. 市级矿产项目　　D. 市级旅游项目

57. 根据《规划环境影响评价技术导则　产业园区》，下列关于评价总体原则的说法，错误的是（　　）。

A. 在规划基本编制完成后进行规划环境影响评价和会商

B. 协调环境与产业的关系

C. 分区管控的衔接

D. 要关注制约环境质量的因子

58. 根据《规划环境影响评价技术导则　产业园区》，下列关于产业园区规划方案综合论证重点的说法，错误的是（　　）。

A. 化工及石化产业园区，重点从环境风险防控要求约束、环境质量影响方面论证

B. 排放重金属污染物的产业园区，重点从资源利用方面论证

C. 以重点碳排放行业为主导产业的园区，重点从资源能源利用管控约束方面论证

D. 涉及放射性污染物的产业园区，重点从人群健康风险方面论证

59. 根据《规划环境影响评价技术导则　产业园区》，碳减排措施不包括（　　）。

A. 提升能源利用效率

B. 使用绿色清洁能源

C. 废水深度处理

D. 废物的低碳化处置

60. 根据《规划环境影响评价技术导则　产业园区》，产业园区内重点企业环境管理现状调查内容不包括（　　）。

A. 竣工验收开展情况

B. 排污许可证管理开展情况

C. 施工期环境监理开展情况

D. 污染防治情况

61. 根据《规划环境影响评价技术导则　流域综合规划》，环境影响预测与评价内容不包括（　　）。

A. 水文水资源影响预测与评价　　B. 生态影响预测与评价

C. 生态风险评价　　D. 大气环境影响预测与评价

62. 根据《环境空气质量标准》及其修改单，该标准中一氧化碳浓度为（　　）下的浓度。

A. 标准状态　　B. 监测时大气温度

C. 参比状态　　D. 监测时大气压力

63. 根据《地表水环境质量标准》，Ⅲ类水域功能适用于（　　）。

A. 天然泳场

B. 仔稚幼鱼的索饵场

C. 集中式生活饮用水地表水源地一级保护区

D. 鱼虾类产卵场

64. 根据《海水水质标准》，滨海风景旅游区水质属于（　　）。

A. 第一类　　B. 第二类

C. 第三类　　D. 第四类

65. 根据《声环境质量标准》，下列关于 4 类声环境功能区划分的说法，正确的是（　　）。

A. 城市次干路两侧一定距离之内的区域，应划分为 4a 类声环境功能区

B. 城市轨道地面段两侧一定距离之内的区域，应划分为 4b 类声环境功能区

C. 铁路专用线两侧一定距离之内的区域，应划分为 4b 类声环境功能区

D. 机场周围受飞机通过噪声影响区域，应划分为 4a 类声环境功能区

66. 根据《城市区域环境振动标准》，铅垂向 Z 振级昼间标准值 75dB 不适用于（　　）。

A. 文教区　　B. 混合区

C. 交通干线道路两侧　　D. 工业集中区

67. 根据《土壤环境质量　农用地土壤污染风险管控标准（试行）》，农用地土壤污染风险筛选值其他项目不包括（　　）。

A. 六六六　　B. 滴滴涕

C. 抗生素总量　　D. 苯并［a］芘

68. 根据《电磁环境控制限值》，下列关于该标准适用范围的说法，正确的是（　　）。

A. 适用于控制以治疗为目的所致病人曝露的评价与管理

B. 适用于家用电器等对使用者曝露的评价与管理

C. 可作为对产生电磁场设备的产品质量要求

D. 100kV 以下电压等级的交流输变电设施属于标准豁免范围

69. 下列建设项目大气污染物排放执行《大气污染物综合排放标准》的是（　　）。

A. 电石生产　　B. 工业硅生产

C. 石材加工　　D. 岩棉生产

70. 根据《污水综合排放标准》，关于排入《地表水环境质量标准》中Ⅴ类水域执行标准的说法，正确的是（　　）。

A. 执行一级标准　　B. 执行二级标准

C. 执行三级标准　　D. 禁止排放

71. 某企业厂界四周设有 2.5m 高实体围墙，仅东侧厂界外 25m 处有一村庄，村民住房受该企业噪声影响，其他方向厂界外均无噪声敏感建筑物。根据《工业企业厂界环境噪声排放标准》，关于噪声测点布设的说法，正确的是（　　）。

A. 各侧厂界噪声测点布设在围墙外 1m、高于地面 1.2m 以上的位置

B. 各侧厂界噪声测点布设在围墙外 1m、高于地面 3m 以上的位置

C. 东侧厂界噪声测点布设在围墙外 1m、高于地面 1.2m 以上的位置

D. 除东侧外其余各侧厂界噪声测点布设在围墙外 1m、高于地面 1.2m 以上的位置

72. 某企业进行铁路建设施工，在铁路边界外配套建有一预制件厂，该厂预制件生产噪声排放执行（　　）。

A.《工业企业厂界环境噪声排放标准》

B.《建筑施工厂界环境噪声排放标准》

C.《社会生活环境噪声排放标准》

D.《铁路边界噪声限值及其测量方法》

73. 根据《锅炉大气污染物排放标准》，下列锅炉中，参照执行燃煤锅炉排放控制要求的是（　　）。

A. 水煤浆锅炉　　B. 煤粉发电锅炉

C. 醇基燃料锅炉　　D. 造纸厂碱回收炉

74. 根据《固体废物鉴别标准　通则》，下列不作为固体废物管理的是（　　）。

A. 煤炭开采的煤矸石

B. 煤气净化产生的煤焦油

C. 畜禽养殖产生的动物粪便

D. 修复后作为土壤用途使用的污染土壤

75.《生活垃圾填埋场污染控制标准》不适用于（　　）。

A. 生活垃圾焚烧厂生活垃圾渗滤液厂内处理

B. 与生活垃圾填埋场配套建设的生活垃圾转运站的运行

C. 生活垃圾填埋场封场后维护与管理过程中的监督管理

D. 生活垃圾填埋场建设、运行

76. 根据《生活垃圾焚烧污染控制标准》，下列废物可以直接进入生活垃圾焚烧炉进行焚烧处置的是（　　）。

A. 电子废物

B. 食品加工废物

C. 医疗废物中的感染性废物

D. 服装加工边角料

77. 根据《危险废物贮存污染控制标准》，下列危险废物的贮存方式错误的是（　　）。

A. 液态危险废物应装入容器内贮存，或直接采用贮存池、贮存罐区贮存

B. 固态危险废物应装入容器式包装物内贮存，禁止堆放贮存

C. 半固态危险废物应装入容器或包装袋内贮存，或直接采用贮存池贮存

D. 具有热塑性的危险废物应装入容器或包装袋内进行贮存

78. 根据《危险废物填埋污染控制标准》，可作为危险废物填埋场场址选择区域的是（　　）。

A. 采煤塌陷区　　B. 岩堆区

C. 冲积扇地区　　D. 岩土体稳定区

79. 根据《危险废物填埋污染控制标准》，污染物排放监控位置为渗滤液调节池废水排放口的是（　　）。

A. 总铜　　B. 总镉

C. 总锌　　D. 总钡

80. 根据《一般工业固体废物贮存和填埋污染控制标准》，本标准不适用于（　　）。

A. 改、扩建的一般工业固体废物贮存场和填埋场的封场的污染控制和环境管理

B. 现有一般工业固体废物贮存场和填埋场的土地复垦的污染控制和环境管理

C. 替代贮存、填埋处置的一般工业固体废物充填及回填利用的污染控制及环境管理

D. 采用库房、包装工具贮存的一般工业固体废物过程的污染控制

二、不定项选择题（共20题，每题2分。每题的备选项中，至少有1个符合题意，多选、错选、少选均不得分）

81. 根据《建设项目环境影响评价技术导则　总纲》，污染影响因素分析包括的内容有（　　）。

A. 工艺的环境友好性

B. 工艺主要产污节点

C. 末端治理措施的协同性

D. 环境质量目标可达性

82. 根据《环境影响评价技术导则　大气环境》，大气环境影响评价工作任务包括（　　）。

A. 选址选线论证

B. 排放方案论证

C. 碳排量核算

D. 预防措施制定

83. 根据《环境影响评价技术导则　地表水环境》，水文要素影响型建设项目环境保护措施要求应包括（　　）。

A. 提出对水文情势影响的减缓措施

B. 提出保障生态需水的环保措施

C. 分析水污染防治措施工艺的先进性

D. 估算水环境保护措施的相应投资

84. 根据《环境影响评价技术导则　声环境》，下列不属于评价工作等级划分依据的有（　　）。

A. 项目建设前后所在区域的声环境质量变化程度

B. 建设项目所在区域的声环境功能区类别

C. 受建设项目影响的人口数量

D. 建设项目的复杂程度

85. 根据《环境影响评价技术导则　地下水环境》，地下水现状监测点位布设应包括（　　）。

A. 建设项目场地内

B. 周围环境敏感点

C. 地下水污染源处

D. 评价范围边界处

86. 根据《海洋工程环境影响评价技术导则》，环境影响评价工作等级判定的依据包括（　　）。

A. 工程规模

B. 工程所在海域环境特征

C. 工程类型

D. 工程所在海域生态类型

87. 根据《环境影响评价技术导则　土壤环境（试行）》，除线性工程外，土壤环境影响建设项目现状调查评价范围的确定依据有（　　）。

A. 影响类型　　B. 气象条件

C. 污染途径　　D. 水文地质条件

88. 根据《环境影响评价技术导则　生态影响》，工程分析要重点关注（　　）工程行为。

A. 影响范围广的

B. 影响历时长的

C. 涉及生态敏感区的

D. 涉及重要性物种的

89. 根据《建设项目环境风险评价技术导则》，下列关于大气环境风险评价范围的说法，正确的有（　　）。

A. 二级评价范围为距建设项目边界一般不小于 5km

B. 三级评价范围为距建设项目边界一般不小于 3km

C. 油气输送管线项目二级评价范围为距管道中心线两侧一般不小于 200m

D. 油气输送管线项目三级评价范围为距管道中心线两侧一般不小于 200m

90. 根据《规划环境影响评价技术导则　总纲》，下列属于产生重大不良环境影响的有（　　）。

A. 规划实施导致实施区域范围内海水水温显著升高

B. 规划实施导致地表水水质类别降低

C. 规划实施导致水生生物物种减少

D. 规划实施导致区域内污水产生量增加

91. 根据《规划环境影响评价技术导则　产业园区》，规划概述的内容包括（　　）。

A. 编制过程　　B. 调整过程

C. 规划目标及其定位　　D. 主导产业及其规模

92. 根据《规划环境影响评价技术导则　流域综合规划》，下列关于评价时段的说法，正确的有（　　）。

A. 评价时段原则上与规划时段一致

B. 评价时段在必要时可以适当扩展

C. 要考虑规划实施可能产生的累积性生态环境影响

D. 评价重点时段根据生态环境影响特征确定

93. 根据《地下水质量标准》，地下水质量调查与监测指标以常规指标为主，为便于水化学分析结果的审核，应补充（　　）等指标。

A. 碳酸根　　B. 重碳酸根

C. 铁　　D. 锰

94. 根据《土壤环境质量　建设用地土壤污染风险管控标准（试行）》，下列关于建设项目用地土壤污染风险筛选值和管制值使用的说法，正确的有（　　）。

A. 土壤中污染物含量大于筛选值时，应开展详细调查

B. 土壤中污染物含量大于筛选值低于管制值时，应开展风险评估工作

C. 土壤中污染物含量大于管制值时，可采用风险管控措施

D. 土壤中污染物含量大于管制值时，可采用修复措施

95. 根据《工业企业厂界环境噪声排放标准》，下列关于厂界噪声测量结果修正的说法，正确的有（　　）。

A. 噪声测量值与背景噪声值相差大于 10dB（A）时，噪声测量值不做修正

B. 噪声测量值与背景值相差 3～10dB（A）时，噪声测量值应做修正

C. 噪声测量值与背景噪声值差值为 3dB（A）时，修正值为－3dB（A）

D. 噪声测量值与背景噪声值相差小于 3dB（A）时，噪声测量值不做修正

96. 根据《恶臭污染物排放标准》，下列关于恶臭污染监测的说法，正确的有（　　）。

A. 有组织污染应按生产周期确定监测频率

B. 有组织污染源取多个样品的最大测定值

C. 厂界监测点设置在厂界下风向侧边界上

D. 厂界监测点取多个样品的平均测定值

97. 根据《挥发性有机物无组织排放控制标准》，厂区内 VOCs 无组织排放限值含义包括（　　）。

A. 监控点处任意一次浓度值

B. 监控点处 1h 平均浓度值

C. 监控点处 24h 平均浓度值

D. 监控点处年均浓度值

98. 根据《生活垃圾焚烧污染控制标准》，生活垃圾焚烧厂选址应重点考虑的因素包括（　　）。

A. 有害物质泄漏　　B. 恶臭物质扩散

C. 周边常住民居分布　　D. 环境保护投资额

99. 根据《危险废物贮存污染控制标准》，下列危险废物应装入闭口容器或包装物内贮存的有（　　）。

A. 易产生粉尘的危险废物

B. 易产生挥发性有机废气的危险废物

C. 易产生酸雾的危险废物

D. 易产生刺激性气味的危险废物

100.《危险废物焚烧污染控制标准》不适用于（　　）。

A. 医疗废物焚烧设施的环境管理

B. 危险废物焚烧设施的环境管理

C. 多氯联苯废物焚烧设施的污染控制

D. 工业炉窑协同处置危险废物

参考答案及解析

一、单项选择题

1. B 【解析】生态环境标准是指由国务院生态环境主管部门和省级人民政府依法制定的生态环境保护工作中需要统一的各项技术要求。选项 A 属于生态环境质量标准；选项 C 属于污染物排放标准；选项 D 属于生态环境管理技术规范。

2. C 【解析】环境保护目标是指环境影响评价范围内的环境敏感区及需要特殊保护的对象。

3. D 【解析】大气污染物非正常排放是指生产过程中开停车（工、炉）、设备检修、工艺设备运转异常等非正常工况下的污染物排放，以及污染物排放控制措施达不到应有效率等情况下的排放。选项 D 属于环境风险事故情况下的排放。

4. A 【解析】大气污染物数大于 1，取 P 值中最大者 P_{max} 为 2.76%，根据评价工作分级判据 $1\% \leq P_{max} < 10\%$，评价工作等级为二级。对电力、钢铁、水泥、石化、化工、平板玻璃、有色等高耗能行业的多源项目或以使用高污染燃料为主的多源项目，编制环境影响报告书的项目评价等级提高一级。同一项目有多个污染源（两个及以上）时，则按各污染源分别确定评价等级，并取评价等级最高者作为项目的评价等级。因此，该项目大气环境影响评价工作等级为一级。

5. A 【解析】三级评价项目只调查项目所在区域环境质量达标情况。判断区域环境质量达标与否只需调查基本污染物。

6. D 【解析】如需在一类区进行补充监测，监测点应设置在不受人为活动影响的区域。

7. C 【解析】年评价指标中的年均浓度和相应百分位数 24h 平均或 8h 平均质量浓度满足《环境空气质量标准》中浓度限值要求的即为达标。其中，臭氧（O_3）以百分位数 8h 平均质量浓度为评价数据。

8. B 【解析】改建、扩建项目现状工程的污染源和评价范围内拟被替代的污染源调查，可根据数据的可获得性，依次优先使用项目监督性监测数据、在线监测数据、年度排污许可执行报告、自主验收报告、排污许可证数据、环评数据或补充污染源监测数据等。

9. D 【解析】预测范围应覆盖评价范围，并覆盖各污染物短期浓度贡献值占标率大于 10%的区域。对于经判定需预测二次污染物的项目，预测范围应覆盖 $PM_{2.5}$ 年平均质量浓度贡献值占标率大于 1%的区域。对于评价范围内包含环境空气功能区一类区的，预测范围应覆盖项目对一类区最大环境影响。环境空气功能区的分类：一类区为自然保护区、风景名胜区和其他需要特殊保护的区域；二类区为居住区、商业交通居民混合区、文化区、工业区和农村地区。

10. B 【解析】大气环境影响评价结论与建议的内容包括：大气环境影响评价结论、污染控制措施可行性及方案比选结果、大气环境防护距离、污染物排放量核算结果、大气环境影响评价自查表。

11. D 【解析】水污染当量是指根据污染物或者污染排放活动对地表水环境的有害程度以及处理的技术经济性，衡量不同污染物对地表水环境污染的综合性指标或者计量单位。

12. A 【解析】水污染影响型建设项目评价因子的筛选应符合以下要求：①按照污染源源强核算技术指南，开展建设项目污染源与水污染因子识别，结合建设项目所在水环境控制单元或区域水环境质量现状，筛选出水环境现状调查评价与影响预测评价的因子；②行业污染物排放标准中涉及的水污染物应作为评价因子；③在车间或车间处理设施排放口排放的第一类污染物应作为评价因子；④水温应作为评价因子；⑤面源污染所含的主要污染物应作为评价因子；⑥建设项目排放的，且为建设项目所在控制单元的水质超标因子或潜在污染因子（指近三年来水质浓度值呈上升趋势的水质因子），应作为评价因子。

13. D 【解析】水污染影响型建设项目主要根据废水排放方式和排放量划分评价等级。建设项目地表水环境影响评价等级按照影响类型、排放方式、排放量或影响情况、受纳水体环境质量现状、水环境保护目标等综合确定。水污染当量是衡量不同污染物对地表水环境污染的综合性指标或者计量单位，反映环境影响情况。

14. B 【解析】水文要素影响型建设项目中，允许在一类海域建设的项目，评价等级为一级。

15. D 【解析】水温要素影响评价范围为建设项目形成水温分层水域，以及下游未恢复到天然（或建设项目建设前）水温的水域；径流要素影响评价范围为水体天然性状发生变化的水域，以及下游增减水影响水域；存在多类水文要素影响的建设项目，应分别确定各水文要素影响评价范围，取各水文要素评价范围的外包线作为水文要素的评价范围。

16. B 【解析】对于水污染影响型建设项目，除覆盖评价范围外，受纳水体为河流时，在不受回水影响的河流段，排放口上游调查范围宜不小于500m，受回水影响河段的上游调查范围原则上与下游调查的河段长度相等。

17. A 【解析】地表水环境现状调查因子根据评价范围水环境质量管理要求、建设项目水污染物排放特点与水环境影响预测评价要求等综合分析确定。

18. C 【解析】水文要素影响型建设项目，河流、湖泊及水库的水文情势预测分析主要包括水域形态、径流条件、水力条件以及冲淤变化等内容，具体包括水位、水深、水面宽、水面面积、流速、水量、水温、径流过程、冲淤变化等，湖泊和水库需要重点关注湖库水域面积或蓄水量及水力停留时间等因子。

19. B 【解析】地下水是指地面以下饱和含水层中的重力水。

20. D 【解析】地下水环境判定为“敏感”的有：集中式饮用水水源（包括已建成的在用、备用、应急水源，在建和规划的饮用水水源）准保护区；除集中式饮用水水源以外的国家或地方政府设定的与地下水环境相关的其他保护区，如热水、矿泉水、温泉等特殊地下水资源保护区。

21. D 【解析】当同一建设项目涉及两个或两个以上场地时，各场地应分别判定评价工作等级，并按相应等级开展评价工作。

22. D 【解析】地下水环境现状监测点采用控制性布点与功能性布点相结合的布设原则。监测点应主要布设在建设项目场地、周围环境敏感点、地下水污染源以及对于确定边界条件有控制意义的地点。当现有监测点不能满足监测位置和监测深度要求时，应布设新的地下水现状监测井，现状监测井的布设应兼顾地下水环境影响跟踪监测计划。

23. C 【解析】现状监测结果应进行统计分析，给出最大值、最小值、均值、标准差、检出率和超标率等。

24. D 【解析】地下水环境影响的预测内容包括：①给出特征因子不同时段的影响范围、程度，最大迁移距离；②给出预测期内场地边界或地下水环境保护目标处特征因子随时间的变化规律；③当建设项目场地天然包气带垂向渗透系数小于 1×10^{-6} cm/s 或厚度超过 100m 时，须考虑包气带阻滞作用，预测特征因子在包气带中的迁移规律；④污染场地修复治理工程项目应给出污染物变化趋势或污染控制的范围。

25. B 【解析】海洋生态环境敏感区主要包括自然保护区，珍稀濒危海洋生物的天然集中分布区，海湾、河口海域，领海基点及其周边海域，海岛及其周围海域，重要的海洋生态系统和特殊生境（红树林、珊瑚礁等），重要的渔业水域、海洋自然历史遗迹和自然景观等。

26. C 【解析】噪声是指在工业生产、建筑施工、交通运输和社会生活中产生的干扰周围生活环境的声音（频率在 20Hz～20kHz 的可听声范围内）。

27. B 【解析】点声源是指以球面波形式辐射声波的声源，辐射声波的声压幅值与声波传播距离成反比。任何形状的声源，只要声波波长远远大于声源几何尺寸，该声源可视为点声源。

28. A 【解析】建设项目同时包含固定声源和移动声源，应分别进行声环境影响评价；

同一声环境保护目标既受到固定声源影响，又受到移动声源（机场航空器噪声除外）影响时，应叠加环境影响后进行评价。

29. C 【解析】机场航空器噪声事件中有效感觉噪声级：对某一飞行事件的有效感觉噪声级按下式近似计算，$L_{EPN}=L_{Amax}+10\lg(T_d/20)+13$。式中：$L_{EPN}$——有效感觉噪声级，dB；$L_{Amax}$——一次噪声事件中测量时段内单架航空器通过时的最大A声级，dB；T_d——在L_{Amax}下10dB的延续时间，s。其中，有效感觉噪声级（L_{EPN}）是声源源强的评价量。

30. A 【解析】噪声源源强核算应按照《污染源源强核算技术指南 准则》（HJ 884—2018）的要求进行，有行业污染源源强核算技术指南的，应优先按照指南中规定的方法进行；无行业污染源源强核算技术指南，但行业导则中对源强核算方法有规定的，优先按照行业导则中规定的方法进行。对于拟建项目噪声源源强，当缺少所需数据时，可通过声源类比测量或引用有效资料、研究成果来确定。采用声源类比测量时应给出类比条件。

31. D 【解析】以移动声源为主的建设项目（如公路、城市道路、铁路、城市轨道交通等地面交通）的声环境影响评价范围：①满足一级评价的要求，一般以线路中心线外两侧200m以内为评价范围；②二级、三级评价范围可根据建设项目所在区域和相邻区域的声环境功能区类别及声环境保护目标等实际情况适当缩小；③如依据建设项目声源计算得到的贡献值到200m处，仍不能满足相应功能区标准值时，应将评价范围扩大到满足标准值的距离。

32. C 【解析】应根据声源的类别和项目所处的声环境功能区类别确定声环境影响评价标准。没有划分声环境功能区的区域应采用地方生态环境主管部门确定的标准。

33. D 【解析】工业企业噪声源强调查清单（室内声源）包括声源源强（任选一种）、声源控制措施、空间相对位置、距室内边界距离、室内边界声级、运行时段、建筑物插入损失、建筑物外噪声等。

34. A 【解析】《环境影响评价技术导则 土壤环境（试行）》适用于化工、冶金、矿山采掘、农林、水利等可能对土壤环境产生影响的建设项目土壤环境影响评价；不适用于核与辐射建设项目的土壤环境影响评价。选项A属于核与辐射建设项目。

35. A 【解析】土壤环境生态影响是指由于人为因素引起土壤环境特征变化导致其生态功能变化的过程或状态。

36. A 【解析】土壤环境现状调查与评价阶段的工作内容包括：①土壤环境现状调查与监测；②土壤环境理化特性调查、利用状况调查；③土壤环境影响源调查；④土壤环境质量现状监测；⑤土壤环境现状评价。

37. D 【解析】土壤污染影响型建设项目影响途径包括大气沉降、地面漫流、垂直入渗等。选项 D 属于生态影响途径。

38. A 【解析】生态影响型Ⅰ类项目评价工作等级划分：位于敏感区的，生态影响型Ⅰ类项目评价工作等级为一级；位于较敏感区的，生态影响型Ⅰ类项目评价工作等级为二级；位于不敏感区的，生态影响型Ⅰ类项目评价工作等级为二级。

39. C 【解析】污染影响型建设项目根据土壤环境影响评价项目类别、占地规模与敏感程度划分评价工作等级。

40. B 【解析】土壤环境现状评价结论的要求中，对生态影响型建设项目，给出是否存在土壤盐化、碱化或酸化现象，当前土壤盐化、碱化或酸化级别的结论；对污染影响型建设项目，给出评价因子是否满足相应标准要求、是否满足相应土地利用类型的结论，当评价因子超标时，分析其超标原因。

41. D 【解析】生态敏感区包括法定生态保护区域、重要生境以及其他具有重要生态功能、对保护生物多样性具有重要意义的区域。其中，法定生态保护区域包括依据法律法规、政策等规范性文件划定或确认的国家公园、自然保护区、自然公园等自然保护地、世界自然遗产、生态保护红线等区域；重要生境包括重要物种的天然集中分布区、栖息地，重要水生生物的产卵场、索饵场、越冬场和洄游通道，迁徙鸟类的重要繁殖地、停歇地、越冬地以及野生动物迁徙通道等。

42. C 【解析】生物多样性指标包括物种丰富度、均匀度、优势度等。

43. C 【解析】生态影响评价范围可综合考虑评价项目与项目区的气候过程、水文过程、生物过程等生物地球化学循环过程的相互作用关系，以评价项目影响区域所涉及的完整气候单元、水文单元、生态单元、地理单元界限为参照边界。

44. B 【解析】建设项目生态影响评价等级按以下原则确定：①涉及国家公园、自然保护区、世界自然遗产、重要生境时，评价等级为一级；②涉及自然公园时，评价等级为二级；③涉及生态保护红线时，评价等级不低于二级；④根据《环境影响评价技术导则 地表水环境》判断属于水文要素影响型且地表水评价等级不低于二级的建设项目，生态影响评价等级不低于二级；⑤根据《环境影响评价技术导则 地下水环境》《环境影响评价技术导则 土壤环境（试行）》判断地下水水位或土壤影响范围内分布有天然林、公益林、湿地等生态保护目标的建设项目，生态影响评价等级不低于二级；⑥当工程占地规模大于 $20km^2$ 时（包括永久和临时占用陆域和水域），评价等级不低于二级，改扩建项目的占地范围以新增占地（包括陆域和水域）确定；⑦除本条①②③④⑤⑥以外的情况，评价等级为三级；⑧当评价等级判定同时符合上述多种情况时，应采用其中最高的评价等级。

45. C 【解析】陆生生态根据植物群落类型（宜以群系及以下分类单位为调查单元）设置调查样地，一级评价每种群落类型设置的样方数量不少于 5 个，二级评价不少于3个，调查时间宜选择植物生长旺盛季节；一级评价每种生境类型设置的野生动物调查样线数量不少于5条，二级评价不少于3条，除了收集历史资料外，一级评价还应获得近1～2个完整年度不同季节的现状资料，二级评价尽量获得野生动物繁殖期、越冬期、迁徙期等关键活动期的现状资料。水生生态一级、二级评价的调查点位、断面等应涵盖评价范围内的干流、支流、河口、湖库等不同水域类型。一级评价应至少开展丰水期、枯水期（河流、湖库）或春季、秋季（入海河口、海域）两期（季）调查，二级评价至少获得一期（季）调查资料，涉及显著改变水文情势的项目应增加调查强度。

46. A　**【解析】**生态保护对策措施包括：①对策措施：避让、减缓、生态修复、生态补偿、科研措施等；②生态监测计划：全生命周期监测、长期跟踪监测、常规监测；③环境管理：环境监理、环境影响后评价等。

47. C　**【解析】**《建设项目环境风险评价技术导则》适用于涉及有毒有害和易燃易爆危险物质生产、使用、储存（包括使用管线输运）的建设项目可能发生的突发性事故（不包括人为破坏及自然灾害引发的事故）的环境风险评价；不适用于生态风险评价及核与辐射类建设项目的环境风险评价。

48. B　**【解析】**环境风险潜势为Ⅳ、$Ⅳ^{+}$，其评价工作等级为一级；环境风险潜势为Ⅲ，其评价工作等级为二级；环境风险潜势为Ⅱ，其评价工作等级为三级；环境风险潜势为Ⅰ，简单分析其评价工作等级。

49. D　**【解析】**环境风险评价基本内容包括风险调查、环境风险潜势初判、风险识别、风险事故情形分析、风险预测与评价、环境风险管理等。

50. A　**【解析】**建设项目风险调查的内容包括：①建设项目风险源调查。调查建设项目危险物质数量和分布情况、生产工艺特点，收集危险物质安全技术说明书（MSDS）等基础资料。②环境敏感目标调查。根据危险物质可能的影响途径，明确环境敏感目标，给出环境敏感目标区位分布图，列表明确调查对象、属性、相对方位及距离等信息。

51. D　**【解析】**风险事故情形设定内容应包括环境风险类型、风险源、危险单元、危险物质和影响途径等。

52. D　**【解析】**规划环境影响评价的目的：以改善环境质量和保障生态安全为目标，论证规划方案的生态环境合理性和环境效益，提出规划优化调整建议；明确不良生态环境影响的减缓措施，提出生态环境保护建议和管控要求，为规划决策和规划实施过程中的生态环境管理提供依据。

53. D　**【解析】**环境敏感区主要包括生态保护红线范围内或者其外的下列区域：①自然保护区、风景名胜区、世界文化和自然遗产地、海洋特别保护区、饮用水水源保护区；②永久基本农田、基本草原、森林公园、地质公园、重要湿地、天然林、野生动物重要栖息地、重点保护野生植物生长繁殖地、重要水生生物自然产卵场、索饵场、越冬场和洄游通道、天然渔场、水土流失重点预防区、沙化土地封禁保护区、封闭及半封闭海域；③以居住、医疗卫生、文化教育、科研、行政办公等为主要功能的区域，以及文物保护单位。

54. A 【解析】建立评价指标体系时，结合规划实施的资源、生态、环境等制约因素，从环境质量、生态保护、资源利用、污染排放、风险防控、环境管理等方面构建评价指标体系。

55. D 【解析】对规划方案进行优化调整时应明确优化调整后的规划布局、规模、结构、建设时序，给出相应的优化调整图、表，说明优化调整后的规划方案具备资源、生态和环境方面的可支撑性。

56. A 【解析】《规划环境影响评价技术导则　产业园区》适用于国务院及省、自治区、直辖市人民政府批准设立的各类产业园区规划环境影响评价，其他类型园区可参照执行。

57. A 【解析】评价的总体原则：①全程互动。评价在规划编制早期介入并全程互动，确定公众参与及会商对象，吸纳各方意见，优化规划。②统筹协调。协调好产业发展与区域、产业园区环境保护关系，统筹产业园区减污降碳协同共治、资源集约节约及循环化利用、能源智慧高效利用、环境风险防控等重大事项，引导产业园区生态化、低碳化、绿色化发展。③协同联动。衔接区域生态环境分区管控成果，细化产业园区环境准入，指导建设项目环境准入及其环境影响评价内容简化，实现区域、产业园区、建设项目环境影响评价的系统衔接和协同管理。④突出重点。立足规划方案重点和特点以及区域资源生态环境特征，充分利用区域空间生态环境评价的数据资料及成果，对规划实施的主要影响进行分析评价，并重点关注制约区域生态环境改善的主要环境影响因子和重大环境风险因子。

58. B 【解析】特殊类型产业园区规划方案综合论证的重点包括：①化工及石化园区重点从环境风险防控要求约束，规划实施可能产生的环境风险、环境质量影响等方面，论证园区选址、产业定位、高风险产业及下游产业链发展规模、园区内部功能分区和用地布局、污水及危险废物等集中处理处置设施、环境风险防范设施等建设的环境合理性。②涉及重金属污染物、无机和有机污染物、放射性污染物等特殊污染物排放的产业园区，重点从园区污染物排放管控、建设用地污染风险管控约束，规划实施可能产生的环境影响、人群健康风险、底泥（沉积物）和土壤环境等累积性影响方面，论证园区产业定位和产业结构、主要规划产业规模和布局、污染集中处理设施建设方案的环境合理性。③以电力、钢铁、建材、有色、石化和化工等重点碳排放行业为主导产业的园区，重点从资源能源利用管控约束，与区域、行业的碳达峰和碳减排要求的符合性，资源与环境承载状态等方面，论证园区产业定位、产业结构、能源结构、重点涉碳排放产业规模的环境合理性。

59. C 【解析】碳减排措施包括涉碳排放产业规模、结构调整、原料替代，能源利用效率提升，绿色清洁能源利用，废物的节能与低碳化处置等。

60. C 【解析】产业园区环境管理现状调查包括：调查产业园区规划环境影响评价执行情况，重点企业环境影响评价、竣工验收、排污许可证管理等开展情况；产业园区主要污染物及碳减排情况，主要污染行业、重点企业污染防治情况；产业园区环境监管、监测能力现状，环保督察发现的问题（或环境投诉）及其整改情况。

61. D 【解析】环境影响预测与评价的内容包括水文水资源影响预测与评价、水环境影响预测与评价、生态影响预测与评价、生态风险评价。

62. C 【解析】《环境空气质量标准》中的二氧化硫、二氧化氮、一氧化碳、臭氧、氮氧化物等气态污染物浓度为参比状态下的浓度。

63. A 【解析】依据地表水水域环境功能和保护目标，将水域按功能高低依次划分为五类：①Ⅰ类主要适用于源头水、国家自然保护区；②Ⅱ类主要适用于集中式生活饮用水地表水源地一级保护区、珍稀水生生物栖息地、鱼虾类产卵场、仔稚幼鱼的索饵场等；③Ⅲ类主要适用于集中式生活饮用水地表水源地二级保护区、鱼虾类越冬场、洄游通道、水产养殖区等渔业水域及游泳区；④Ⅳ类主要适用于一般工业用水区及人体非直接接触的娱乐用水区；⑤Ⅴ类主要适用于农业用水区及一般景观要求水域。

64. C 【解析】按照海域的不同使用功能和保护目标，海水水质分四类：①第一类适用于海洋渔业水域，海上自然保护区和珍稀濒危海洋生物保护区；②第二类适用于水产养殖区、海水浴场、人体直接接触海上运动或娱乐区，以及与人类食用直接有关的工业用水区；③第三类适用于一般工业用水区，滨海风景旅游区；④第四类适用于海洋港口水域，海洋开发作业区。

65. A 【解析】4类声环境功能区是指交通干线两侧一定距离之内，需要防止交通噪声对周围环境产生严重影响的区域，包括4a类和4b类两种类型。4a类为高速公路、一级公路、二级公路、城市快速路、城市主干路、城市次干路、城市轨道交通（地面段）、内河航道两侧区域；4b类为铁路干线两侧区域。铁路专用线不属于铁路干线（交通干线）。

66. A 【解析】铅垂向Z振级昼间标准值75dB适用于混合区、商业中心区、工业集中区、交通干线道路两侧。

67. C 【解析】农用地土壤污染风险筛选值的其他项目为选测项目，包括六六六、滴滴涕和苯并[a]芘。

68. D 【解析】《电磁环境控制限值》不适用于控制以治疗或诊断为目的所致病人或陪护人员曝露的评价与管理；不适用于控制无线通信终端、家用电器等对使用者曝露的评价与管理；也不能作为对产生电场、磁场、电磁场设施（设备）的产品质量要求。豁免范围：从电磁环境保护管理角度，100kV 以下电压等级的交流输变电设施可免于管理。

69. C 【解析】在我国现有的国家大气污染物排放标准体系中，按照综合性排放标准与行业性排放标准不交叉执行的原则，有专项排放标准的执行相应的专项排放标准，其他大气污染物排放执行本标准。电石生产建设项目大气污染物排放执行《石灰、电石工业大气污染物排放标准》；工业硅生产建设项目大气污染物排放执行《工业硅生产大气污染物排放标准》；岩棉生产建设项目大气污染物排放执行《矿物棉工业大气污染物排放标准》。

70. B 【解析】根据《污水综合排放标准》，排入《地表水环境质量标准》中Ⅳ、Ⅴ类水域和排入《海水水质标准》中三类、四类海域的污水，执行二级标准。

71. D 【解析】当厂界有围墙且周围有受影响的噪声敏感建筑物时，测点应选在厂界外 1m、高于围墙 0.5m 以上的位置。当厂界无法测量到声源的实际排放状况时（如声源位于高空、厂界设有声屏障等），测点应选在工业企业厂界外 1m、高度 1.2m 以上、距任一反射面距离不小于 1m 的位置，同时在受影响的噪声敏感建筑物户外 1m 处另设测点。室内噪声测量时，室内测量点位设在距任一反射面至少 0.5m 以上、距地面 1.2m 高度处，在受噪声影响方向的窗户开启状态下测量。固定设备结构传声至噪声敏感建筑物室内，在噪声敏感建筑物室内测量时，测点应距任一反射面至少 0.5m 以上、距地面 1.2m、距外窗 1m 以上，窗户关闭状态下测量。被测房间内的其他可能干扰测量的声源（如电视机、空调机、排气扇以及镇流器较响的日光灯、运转时出声的时钟等）应关闭。东侧厂界噪声测点布设在围墙外 1m、高于地面 3（2.5＋0.5＝3）m 以上的位置。

72. A 【解析】《工业企业厂界环境噪声排放标准》规定了工业企业和固定设备厂界环境噪声排放限值及其测量方法。本标准适用于工业企业噪声排放的管理、评价及控制。机关、事业单位、团体等对外环境排放噪声的单位也按本标准执行。

73. A 【解析】使用型煤、水煤浆、煤矸石、石油焦、油页岩、生物质成型燃料等的锅炉，参照《锅炉大气污染物排放标准》中燃煤锅炉排放控制要求执行。

74. D 【解析】下列物质不作为固体废物管理：①任何不需要修复和加工即可用于其原始用途的物质，或者在产生点经过修复和加工后满足国家、地方制定或行业通行的产品质量标准并且用于其原始用途的物质；②不经过贮存或堆积过程，而在现场直接返回到原生产过程或返回其产生过程的物质；③修复后作为土壤用途使用的污染土壤；④供实验室化验分析用或科学研究用固体废物样品。

75. A 【解析】《生活垃圾填埋场污染控制标准》适用于生活垃圾填埋场建设、运行和封场后的维护与管理过程中的污染控制和监督管理；其部分规定也适用于与生活垃圾填埋场配套建设的生活垃圾转运站的建设、运行。

76. D 【解析】下列废物可以直接进入生活垃圾焚烧炉进行焚烧处置：①由环境卫生机构收集或者生活垃圾产生单位自行收集的混合生活垃圾；②由环境卫生机构收集的服装加工、食品加工以及其他为城市生活服务的行业产生的性质与生活垃圾相近的一般工业固体废物；③生活垃圾堆肥处理过程中筛分工序产生的筛上物，以及其他生化处理过程中产生的固态残余组分；④按照HJ/T228、HJ/T229、HJ/T276要求进行破碎毁形和消毒处理并满足消毒效果检验指标的《医疗废物分类目录》中的感染性废物。

77. B 【解析】危险废物贮存过程污染控制一般规定：①在常温常压下不易水解、不易挥发的固态危险废物可分类堆放贮存，其他固态危险废物应装入容器或包装物内贮存；②液态危险废物应装入容器内贮存，或直接采用贮存池、贮存罐区贮存；③半固态危险废物应装入容器或包装袋内贮存，或直接采用贮存池贮存；④具有热塑性的危险废物应装入容器或包装袋内进行贮存；⑤易产生粉尘、VOCs、酸雾、有毒有害大气污染物和刺激性气味气体的危险废物应装入闭口容器或包装物内贮存；⑥危险废物贮存过程中易产生粉尘等无组织排放的，应采取抑尘等有效措施。

78. D 【解析】危险废物填埋场场址不得选在以下区域：①破坏性地震及活动构造区，海啸及涌浪影响区；②湿地；③地应力高度集中，地面抬升或沉降速率快的地区；④石灰溶洞发育带；⑤废弃矿区、塌陷区；⑥崩塌、岩堆、滑坡区；⑦山洪、泥石流影响地区；⑧活动沙丘区；⑨尚未稳定的冲积扇、冲沟地区及其他可能危及填埋场安全的区域。

79. B 【解析】根据《危险废物填埋污染控制标准》，第一类污染物排放控制项目包括总铅、总汞、烷基汞、总镉、总铬、六价铬、总砷、苯并[a]芘、总镍、总铍、总银。第一类污染物排放监控位置为渗滤液调节池废水排放口。第二类污染物排放控制项目包括pH值、悬浮物（SS）、五日生化需氧量（BOD_5）、化学需氧量（COD_{Cr}）、氨氮（NH_3-N）、总氮、总磷（以P计）、氟化物、氰化物、总有机碳（TOC）、总铜、总锌、总钡。第二类污染物排放监控位置为危险废物填埋场废水总排放口。

80. D 【解析】《一般工业固体废物贮存和填埋污染控制标准》适用于新建、改建、扩建的一般工业固体废物贮存场和填埋场的选址、建设、运行、封场、土地复垦的污染控制和环境管理，现有一般工业固体废物贮存场和填埋场的运行、封场、土地复垦的污染控制和环境管理，以及替代贮存、填埋处置的一般工业固体废物充填及回填利用的污染控制及环境管理；不适用采用库房、包装工具（罐、桶、包装袋等）贮存一般工业固体废物过程的污染控制。

二、不定项选择题

81. ABC 【解析】污染影响因素分析：遵循清洁生产的理念，从工艺的环境友好性、工艺过程的主要产污节点以及末端治理措施的协同性等方面，选择可能对环境产生较大影响的主要因素进行深入分析。

82. ABD 【解析】大气环境影响评价的工作任务：通过调查、预测等手段，对项目在建设阶段、生产运行和服务期满后（可根据项目情况选择）所排放的大气污染物对环境空气质量影响的程度、范围和频率进行分析、预测和评估，为项目的选址选线、排放方案、大气污染治理设施与预防措施制定、排放量核算，以及其他有关的工程设计、项目实施环境监测等提供科学依据或指导性意见。

83. ABD 【解析】对水文要素影响型建设项目，应提出减缓水文情势影响，保障生态需水的环保措施。水环境保护对策措施的论证应包括水环境保护措施的内容、规模及工艺、相应投资、实施计划，所采取措施的预期效果、达标可行性、经济技术可行性及可靠性分析等内容。

84. D 【解析】声环境影响评价工作等级划分依据：①建设项目所在区域的声环境功能区类别；②建设项目建设前后评价范围内的声环境保护目标噪声级增高量（建设项目建设前后所在区域的声环境质量变化程度）；③受建设项目影响的人口数量。

85. ABC 【解析】地下水现状监测点应主要布设在建设项目场地、周围环境敏感点、地下水污染源以及对于确定边界条件有控制意义的地点。

86. ABCD 【解析】海洋工程环境影响评价等级，依据建设项目的工程特点、工程规模和所在地区的环境特征划分，按“海洋水文动力、海洋水质、海洋沉积物、海洋生态和生物资源影响评价等级判据”确定。海洋水文动力、海洋水质、海洋沉积物、海洋生态（含生物资源）的各单项环境影响评价等级，依据工程类型、工程规模、工程所在区域的环境特征和生态环境类型，按“海洋水文动力、海洋水质、海洋沉积物、海洋生态和生物资源影响评价等级判据”分别判定。

87. ABCD 【解析】建设项目（除线性工程外）土壤环境影响现状调查评价范围可根据建设项目影响类型、污染途径、气象条件、地形地貌、水文地质条件等确定并说明。

88. ABCD 【解析】工程分析要重点关注影响强度大、范围广、历时长或涉及重要物种、生态敏感区的工程行为。

89. ABC 【解析】大气环境风险评价范围：一级、二级评价距建设项目边界一般不低于 5km；三级评价距建设项目边界一般不低于 3km。油气、化学品输送管线项目一级、二级评价距管道中心线两侧一般均不低于 200m；三级评价距管道中心线两侧一般均不低于 100m。当大气毒性终点浓度预测到达距离超出评价范围时，应根据预测到达距离进一步调整评价范围。

90. AB 【解析】判识重大不良生态环境影响需考虑的因素有：①导致区域环境质量、生态功能恶化的重大不良生态环境影响，主要包括规划实施使评价区域的环境质量下降（环境质量降级）或导致生态保护红线、重点生态功能区的组成、结构、功能发生显著不良变化或导致其功能丧失；②导致资源利用、环境保护严重冲突的重大不良生态环境影响，主要包括规划实施与规划范围内或相邻区域内的其他资源开发利用规划和环境保护规划等产生的显著冲突，规划实施可能导致的跨行政区、跨流域以及跨国界的显著不良影响；③导致人居环境发生显著不利变化的重大不良生态环境影响，主要包括规划实施导致具有易生物蓄积、长期接触对人体和生物产生危害作用的无机和有机污染物、放射性污染物、微生物等在水、大气和土壤等人群主要环境暴露介质中污染水平显著增加，农牧渔产品污染风险、人群健康风险显著增加，规划实施导致人居生态环境发生显著不良变化。

91. CD 【解析】规划概述的内容包括：①规划总体安排。说明产业园区规划目标和定位、规划范围和时限、发展规模、发展时序、用地（用海）布局、功能分区、能源和资源利用结构等。②产业发展。说明产业园区产业发展定位、产业结构，重点介绍规划主导产业及其规模、布局、建设时序等，规划所包含具体建设项目的性质、内容、规模、选址、项目组成和产能等。③基础设施建设。重点介绍产业园区规划建设或依托的污水集中处理、固体废物（含危险废物）集中处置、中水回用、集中供热（供冷）、余热利用、集中供气（含蒸汽）、供水、供能（含清洁低碳能源供应）等设施，以及道路交通、管廊、管网等配套和辅助条件。④生态环境保护。重点介绍产业园区环境保护总体目标、主要指标、环境污染防治措施、生态环境保护与建设方案、环境管理及环境风险防控要求、应急保障方案或措施等。

92. ABCD 【解析】评价时段与流域综合规划的规划时段一致，必要时可根据规划实施可能产生的累积性生态环境影响适当扩展，并根据规划方案的生态环境影响特征确定评价的重点时段。

93. AB 【解析】地下水质量调查与监测指标以常规指标为主，为便于水化学分析结果的审核，应补充钾、钙、镁、重碳酸根、碳酸根、游离二氧化碳指标。

94. ABCD 【解析】建设用地土壤中污染物含量等于或者低于风险筛选值的，建设用地土壤污染风险一般情况下可以忽略。通过初步调查确定建设用地土壤中污染物含量高于风险筛选值，应当依据《场地环境调查技术导则》《场地环境监测技术导则》

等标准及相关技术要求，开展详细调查。通过详细调查确定建设用地土壤中污染物含量等于或者低于风险管制值，应当依据《污染场地风险评估技术导则》等标准及相关技术要求，开展风险评估，确定风险水平，判断是否需要采取风险管控或修复措施。通过详细调查确定建设用地土壤中污染物含量高于风险管制值，对人体健康通常存在不可接受风险，应当采取风险管控或修复措施。

95. ABC　**【解析】**工业企业厂界环境噪声测量结果修正：①噪声测量值与背景噪声值相差大于 10dB（A）时，噪声测量值不做修正。②噪声测量值与背景噪声值相差在 3～10dB（A）时，噪声测量值与背景噪声值的差值取整后，按如下方法进行修正：差值为 3dB（A）、4～5dB（A）、6～10dB（A）时，对应的修正值分别为－3dB（A）、－2dB（A）、－1dB（A）。③噪声测量值与背景噪声值相差小于 3dB（A）时，应采取措施降低背景噪声后，视情况按①或②执行；仍无法满足前二款要求的，应按环境噪声监测技术规范的有关规定执行。

96. ABC　**【解析】**有组织排放源采样频率：应按生产周期确定监测频率，生产周期在 8h 以内的，每 2h 采集一次，生产周期大于 8h 的，每 4h 采集一次，取其最大测定值。无组织排放源监测：①采样点。厂界的监测采样点，设置在工厂厂界的下风向侧，或有臭气方位的边界线上。②采样频率。连续排放源相隔 2h 采一次，共采集 4 次，取其最大测定值。间歇排放源选择在气味最大时间内采样，样品采集次数不少于 3 次，取其最大测定值。

97. AB　**【解析】**厂区内 VOCs 无组织排放限值含义包括：①监控点处 1h 平均浓度值；②监控点处任意一次浓度值。

98. AB　**【解析】**在对生活垃圾焚烧厂厂址进行环境影响评价时，应重点考虑生活垃圾焚烧厂内各设施可能产生的有害物质泄漏、大气污染物（含恶臭物质）的产生与扩散以及可能的事故风险等因素，根据其所在地区的环境功能区类别，综合评价其对周围环境、居住人群的身体健康、日常生活和生产活动的影响，确定生活垃圾焚烧厂与常住居民居住场所、农用地、地表水体以及其他敏感对象之间合理的位置关系。

99. ABCD　**【解析】**易产生粉尘、VOCs、酸雾、有毒有害大气污染物和刺激性气味气体的危险废物应装入闭口容器或包装物内贮存。

100. ACD　**【解析】**《危险废物焚烧污染控制标准》适用于现有危险废物焚烧设施（不包含专用多氯联苯废物和医疗废物焚烧设施）的污染控制和环境管理，以及新建危险废物焚烧设施建设项目的环境影响评价、危险废物焚烧设施的设计与施工、竣工验收、排污许可管理及建成后运行过程中的污染控制和环境管理；不适用于利用锅炉和工业炉窑协同处置危险废物。专用多氯联苯废物和医疗废物焚烧设施分别执行《含多氯联苯废物污染控制标准》《医疗废物处理处置污染控制标准》。

准考证号：

考生姓名：

工作单位：

2022 年全国环境影响评价工程师职业资格考试

环境影响评价技术导则与标准

考生注意事项

1. 答题前，考生须在试题册指定位置上填写工作单位、考生姓名和准考证号；在答题卡指定位置上填写考生姓名和准考证号，并涂写准考证号信息点。
2. 选择题的答案必须涂写在答题卡相应题号的选项上，非选择题的答案必须书写在答题卡指定位置的边框区域内。超出答题区域书写的答案无效；在草稿纸、试题册上答题无效。
3. 填（书）写部分必须使用黑色字迹签字笔或者钢笔书写，字迹工整、笔迹清楚；涂写部分必须使用2B铅笔填涂。
4. 考试结束，将答题卡和试题册按规定交回。

一、单项选择题（共80题，每题1分。每题的备选项中，只有1个最符合题意）

1. 根据《生态环境标准管理办法》，污染物排放标准不包括（　　）。

A. 固体废物污染控制标准

B. 放射性污染防治标准

C. 环境噪声排放控制标准

D. 土壤污染风险管控标准

2. 根据《建设项目环境影响评价技术导则　总纲》，确定环境影响评价因子应考虑的因素不包括（　　）。

A. 区域环境功能　　　　B. 建设项目特点

C. 评价标准　　　　D. 地形地貌特征

3. 根据《建设项目环境影响评价技术导则　总纲》，评价结论的内容不包括（　　）。

A. 清洁生产水平

B. 主要环境影响

C. 环境保护措施

D. 公众意见采纳情况

4. 某产业园区规划项目排放SO_2、NO_x及VOCs，根据《环境影响评价技术导则　大气环境》，下列条件中，该产业园区评价因子应增加二次污染物O_3的是（　　）。

A. $SO_2+NO_x\geqslant500$（t/a）

B. $SO_2+VOCs\geqslant500$（t/a）

C. $NO_x+VOCs\geqslant2\ 000$（t/a）

D. $SO_2+NO_x+VOCs\geqslant2\ 000$（t/a）

5. 某钢铁企业拟对烧结机和高炉进行升级改造，应编制环境影响报告书。经计算改造后各设施排放的污染物最大地面空气质量浓度占标率$P_{max}=8.9\%$。根据《环境影响评价技术导则　大气环境》，该项目大气环境评价工作等级为（　　）。

A. 一级　　　　B. 二级

C. 三级　　　　D. 条件不足，无法判断

6. 某建设项目大气环境影响评价需补充监测，所在区域近20年统计的主导风向为N，评价基准年主导风向为NW。根据《环境影响评价技术导则　大气环境》，该项目补充监测应在厂址（　　）方位5km范围内设置1～2个监测点。

A. N　　　　B. S

C. NW　　　　D. SE

7. 根据《环境影响评价技术导则　大气环境》，城市环境空气达标情况评价指标不包括（　　）。

A. $PM_{2.5}$　　　　B. NO_x

C. CO　　　　D. O_3

8. 根据《环境影响评价技术导则　大气环境》，改扩建项目污染源现状调查数据优先顺序是（　　）。

A. 在线监测数据、年度排污许可执行报告、自主验收报告、污染源补充监测数据

B. 在线监测数据、自主验收报告、年度排污许可执行报告、污染源补充监测数据

C. 污染源补充监测数据、在线监测数据、年度排污许可执行报告、自主验收报告

D. 污染源补充监测数据、年度排污许可执行报告、自主验收报告、在线监测数据

9. 根据《环境影响评价技术导则　大气环境》，预测模型选择应考虑的因素不包括（　　）。

A. 预测范围　　B. 预测因子

C. 适用范围　　D. 排放标准

10. 根据《环境影响评价技术导则　大气环境》，关于不达标区污染控制措施有效性分析与方案比选的说法，错误的是（　　）。

A. 污染控制措施应保证环境影响可以接受

B. 污染控制措施应综合考虑成本和治理效果

C. 污染控制措施应在只考虑环境因素的前提下选择最优技术方案

D. 污染控制措施应保证大气污染物达到最低排放强度和排放浓度

11. 根据《环境影响评价技术导则　大气环境》，大气环境防护区域内存在长期居住的人群时，建议的解决方案不包括（　　）。

A. 优化调整项目选址

B. 优化调整项目布局

C. 就地货币补偿

D. 居民搬迁

12. 根据《环境影响评价技术导则　地表水环境》，组成水环境空间管控单元的要素不包括（　　）。

A. 水体　　B. 汇水范围

C. 控制断面　　D. 水质目标

13. 根据《环境影响评价技术导则　地表水环境》，兼有水污染影响和水文要素影响的复合影响型建设项目，对其地表水环境影响评价基本要求的说法，正确的是（　　）。

A. 按影响类别分别确定评价等级，并按其中较高等级开展评价工作

B. 按影响类别分别确定评价等级并开展评价工作

C. 按水文要素影响型确定评价等级并开展评价工作

D. 按水污染影响型确定评价等级并开展评价工作

14. 根据《环境影响评价技术导则　地表水环境》，筛选水环境影响评价因子时不考虑（　　）。

A. 评价等级　　B. 水环境质量现状

C. 排放的污染物类别　　D. 行业污染物排放标准

15. 位于入海河口的某一级评价项目，经调查判别，项目在小潮期水环境影响程度较重。根据《环境影响评价技术导则　地表水环境》，关于该项目地表水环境影响评价时期要求的说法，正确的是（　　）。

A. 至少在丰水期选择一个大潮期开展评价

B. 至少在枯水期选择一个小潮期开展评价

C. 至少在丰水期和枯水期各选择一个小潮期开展评价

D. 至少在丰水期选择一个大潮期、枯水期选择一个小潮期开展评价

16. 根据《环境影响评价技术导则　地表水环境》，对于地表水环境影响一级评价的水库项目，其地表水环境现状调查范围不包括（　　）。

A. 受水区

B. 退水影响区

C. 水库坝下的减水河段

D. 位于水库库尾上游的支流

17. 根据《环境影响评价技术导则　地表水环境》，地表水环境现状评价内容不包括（　　）。

A. 废水排放浓度达标状况

B. 控制断面水质达标状况

C. 受纳水体水功能区水质达标状况

D. 近岸海域环境功能区水质达标状况

18. 根据《环境影响评价技术导则　地表水环境》，一级评价项目污染物在垂向及平面分布差异明显时，适用的预测模型为（　　）。

A. 零维模型　　B. 一维模型

C. 二维模型　　D. 三维模型

19. 根据《环境影响评价技术导则　地表水环境》，水环境保护对策措施的论证内容不包括（　　）。

A. 技术先进性

B. 达标可行性

C. 实施后预期效果

D. 措施实施所需投资费用

20. 某建设项目涉及两处场地，分别对应不同的地下水环境影响评价项目类别。根据《环境影响评价技术导则　地下水环境》，关于该项目地下水环境影响评价工作等级的说法，正确的是（　　）。

A. 各场地分别判定评价等级，并按最高等级开展评价

B. 各场地分别判定评价等级，并按相应等级开展评价

C. 按环境敏感程度最高的场地确定评价等级并开展评价

D. 按项目类别高的场地确定评价等级并开展评价

21. 根据《环境影响评价技术导则　地下水环境》，关于地下水环境影响评价技术要求的说法，错误的是（　　）。

A. 一级评价应详细掌握调查评价区环境水文地质条件

B. 二级评价应基本掌握调查评价区环境水文地质条件

C. 一级评价应采取数值法进行地下水环境影响预测

D. 二级评价应采用类比法进行地下水环境影响预测

22. 根据《环境影响评价技术导则　地下水环境》，关于环境现状调查评价范围的说法，错误的是（　　）。

A. 可采用查表法确定调查范围

B. 可采用公式计算法确定调查范围

C. 查表范围超出所处水文地质单元边界时，以查表范围作为调查范围

D. 计算范围超出所处水文地质单元边界时，以所处水文地质单元边界作为调查范围

23. 根据《环境影响评价技术导则　地下水环境》，一级评价项目调查评价区环境水文地质资料的精度应不低于（　　）。

A. 1∶10 000　　B. 1∶50 000

C. 1∶100 000　　D. 1∶200 000

24. 根据《环境影响评价技术导则　地下水环境》，三级评价项目的地下水水质监测点数量一般应不少于（　　）个。

A. 1　　B. 3

C. 5　　D. 7

25. 根据《环境影响评价技术导则　地下水环境》，新建铅锌钛采选项目的地下水水质现状监测因子可不包括（　　）。

A. 铅

B. 氨氮

C. 溶解性总固体

D. DNAPLs（重质非水相液体）

26. 根据《海洋工程环境影响评价技术导则》，海洋工程环境影响评价等级判定依据不包括（　　）。

A. 工程特点　　B. 所在地环境特征

C. 工程规模　　D. 投资规模

27. 根据《环境影响评价技术导则　声环境》，可视为点声源的是（　　）。

A. 声波波长大于声源几何尺寸的面状声源

B. 声波波长小于声源几何尺寸的线状声源

C. 声波波长远远大于声源几何尺寸的球状声源

D. 声波波长远远小于声源几何尺寸的不规则形状声源

28. 某拟建于机场附近的码头项目，噪声源包括固定声源和移动声源。根据《环境影响评价技术导则　声环境》，关于该项目声环境影响评价的说法，正确的是（　　）。

A. 应分别评价该项目固定声源和移动声源各自的噪声影响并评价叠加影响

B. 应评价该项目固定声源、移动声源以及机场航空器噪声的噪声叠加影响

C. 应评价该项目固定声源和机场航空器噪声对声环境敏感目标的叠加影响

D. 应评价该项目移动声源和机场航空器噪声对声环境敏感目标的叠加影响

29. 根据《环境影响评价技术导则　声环境》，下列指标中，属于声环境质量评价量的是（　　）。

A. 有效感觉噪声级

B. A 计权声功率级

C. 夜间等效 A 声级

D. 距声源 r 处的倍频带声压级

30. 根据《环境影响评价技术导则　声环境》，下列情形中，可直接判定声环境影响评价工作等级为一级的是（　　）。

A. 评价范围内声环境保护目标较多的

B. 评价范围内分布有 1 类声环境功能区的

C. 建设前后评价范围内受影响人口数量显著增加的

D. 评价范围内声环境保护目标处噪声现状监测值超标达 5dB（A）的

31. 根据《环境影响评价技术导则　声环境》，关于以固定声源为主的建设项目声环境影响评价范围的说法，错误的是（　　）。

A. 一级评价项目，可根据预测结果适当扩大评价范围

B. 一级评价项目，可根据实际情况适当缩小评价范围

C. 二级评价项目，可根据预测结果适当扩大评价范围

D. 二级评价项目，可根据实际情况适当缩小评价范围

32. 根据《环境影响评价技术导则　声环境》，关于噪声源调查与分析对象的说法，正确的是（　　）。

A. 三级评价调查分析拟建项目主要噪声源

B. 二级评价调查分析拟建项目所有噪声源

C. 一级评价调查分析拟建项目所有噪声源

D. 三级评价不开展噪声源分析

33. 根据《环境影响评价技术导则　声环境》，声环境现状监测布点原则不包括（　　）。

A. 当评价范围内没有明显的声源时，可选择有代表性的区域布设测点

B. 当声环境保护目标高于三层建筑时，应选取有代表性楼层设置测点

C. 当既有声源为固定声源时，可在距离拟建声源不同距离处布设衰减测点

D. 当既有声源为线声源时，可在垂直于线声源不同水平距离处布设衰减测点

34. 根据《环境影响评价技术导则　声环境》，关于声环境预测内容的说法，正确的是（　　）。

A. 应预测建设项目在施工期和运营期声环境保护目标处的贡献值和预测值

B. 应预测建设项目在施工期和运营期厂界（场界、边界）噪声贡献值和预测值

C. 一级评价应绘制运行期代表性水平年噪声预测值等声级线

D. 二级评价应绘制运行期代表性水平年噪声预测值等声级线

35. 根据《环境影响评价技术导则　声环境》，关于建设项目噪声防治措施一般要求的说法，正确的是（　　）。

A. 公路项目噪声防治措施还应同时满足公路边界噪声限值要求

B. 铁路项目噪声防治措施还应同时满足铁路边界噪声限值要求

C. 公路项目噪声防治措施应按代表性评价水平年的最大噪声影响预测值制定

D. 铁路项目噪声防治措施应按单列车通过对声环境保护目标的影响程度制定

36. 根据《环境影响评价技术导则　土壤环境（试行）》，土壤环境影响现状调查与评价阶段的工作内容不包括（　　）。

A. 评价工作等级确定

B. 土壤环境质量现状监测

C. 土壤环境现状评价

D. 土壤环境影响源调查

37. 根据《环境影响评价技术导则　土壤环境（试行）》，污染影响型建设项目环境影响途径不包括（　　）。

A. 土壤碱化　　B. 地面漫流

C. 大气沉降　　D. 垂直入渗

38. 某Ⅲ类生态影响型建设项目，评价范围内土壤环境不敏感。根据《环境影响评价技术导则　土壤环境（试行）》，关于该项目土壤环境影响评价工作等级的说法，正确的是（　　）。

A. 评价工作等级为一级

B. 评价工作等级为二级

C. 评价工作等级为三级

D. 可不开展评价

39. 根据《环境影响评价技术导则　土壤环境（试行）》，关于污染影响型建设项目土壤环境评价工作等级划分的说法，正确的是（　　）。

A. Ⅰ类小型、敏感项目评价工作等级为一级

B. Ⅱ类小型、不敏感项目评价工作等级为二级

C. Ⅲ类小型、敏感项目评价工作等级为二级

D. Ⅲ类小型、不敏感项目评价工作等级为三级

40. 根据《环境影响评价技术导则　土壤环境（试行）》，确定建设项目（除线性工程外）土壤环境影响现状调查范围可不考虑的因素是（　　）。

A. 影响类型　　B. 污染途径

C. 评价工作等级　　D. 土壤物理性质

41. 某污染影响型建设项目占地不足 $100hm^2$，土壤环境影响评价工作等级为二级。根据《环境影响评价技术导则　土壤环境（试行）》，占地范围内环境现状监测布点的最小数量要求是（　　）。

A. 布设 5 个柱状样点，2 个表层样点

B. 布设 3 个柱状样点，1 个表层样点

C. 布设 3 个表层样点

D. 布设 1 个表层样点

42. 根据《环境影响评价技术导则　土壤环境（试行）》，关于改、扩建化工项目土壤环境保护措施的说法，错误的是（　　）。

A. 应估算环境保护投资

B. 应编制环境保护措施布置图

C. 应提出“以新带老”土壤环境保护措施

D. 弃土应按一般工业固体废物进行处理处置

43. 根据《环境影响评价技术导则　生态影响》，建设项目生态影响评价的基本要求不包括（　　）。

A. 选址选线应符合生态保护红线的管理要求

B. 选址选线应严禁对生态保护目标造成影响

C. 按照避让、减缓、修复和补偿的次序提出对策措施

D. 按照有利于生物多样性保护的原则提出对策措施

44. 根据《环境影响评价技术导则　生态影响》，关于生态影响评价等级的说法，正确的是（　　）。

A. 涉及自然公园的，评价等级为一级

B. 涉及自然保护区的，评价等级不低于二级

C. 工程占地规模大于 $20km^2$ 的，评价等级不低于二级

D. 线性工程采用地下方式穿越生态敏感区的，评价等级应上调一级

45. 根据《环境影响评价技术导则　生态影响》，关于生态现状调查与评价要求的说法，错误的是（　　）。

A. 水生生态调查中，鱼类应主要在捕捞期开展调查

B. 涉及显著改变水文情势的项目应增加调查强度

C. 水生生境调查内容应包括水域形态结构、底质

D. 水生生态调查应充分考虑生物多样性保护要求

46. 根据《环境影响评价技术导则　生态影响》，生态影响预测与评价方法不包括（　　）。

A. 图形叠置法

B. 生态监测法

C. 生境评价方法

D. 生态机理分析法

47. 根据《建设项目环境风险评价技术导则》，环境风险评价工作内容不包括（　　）。

A. 环境风险调查

B. 环境风险识别

C. 环境风险事故情形分析

D. 突发环境事件应急预案编制

48. 根据《建设项目环境风险评价技术导则》，关于大气环境风险评价范围确定原则的说法，正确的是（　　）。

A. 根据事故后果预测结果确定评价范围

B. 根据环境敏感目标分布情况确定评价范围

C. 当大气毒性终点浓度预测到达距离超出评价范围时，应调整评价范围

D. 当大气毒性终点浓度预测到达距离小于评价范围时，应调整评价范围

49. 根据《建设项目环境风险评价技术导则》，危险物质向环境转移途径识别的内容不包括（　　）。

A. 分析危险物质特性

B. 分析生产装置危险性

C. 分析可能的环境风险类型

D. 分析可能影响的环境敏感目标

50. 根据《建设项目环境风险评价技术导则》，大气环境风险预测要求的内容不包括（　　）。

A. 一级评价选取最不利气象条件进行后果预测

B. 一级评价选取事故发生地的最常见气象条件进行后果预测

C. 二级评价选取最不利气象条件进行后果预测

D. 二级评价选取事故发生地的最常见气象条件进行后果预测

51. 根据《建设项目环境风险评价技术导则》，关于环境风险防范措施要求的说法，错误的是（　　）。

A. 事故废水环境风险防范应明确“装置—单元—园区”风险防控体系要求

B. 大气环境风险防范应提出事故状态下人员的疏散通道及安置等应急建议

C. 厂内环境风险防控系统应纳入园区/区域环境风险防控体系

D. 地下水环境风险防范应重点采取源头控制和分区防渗措施

52. 根据《规划环境影响评价技术导则　总纲》，规划环境影响评价的技术流程不包括（　　）。

A. 开展现状评价与回顾性分析

B. 确立环境目标和评价指标体系

C. 提出环境影响跟踪评价计划

D. 给出污染物排放清单

53. 根据《规划环境影响评价技术导则　总纲》，现状调查阶段的基本要求不包括（　　）。

A. 梳理规划实施的环境制约因素

B. 分析主要生态环境问题及成因

C. 明确评价区域资源利用水平

D. 提出环境影响对策和措施

54. 根据《规划环境影响评价技术导则　总纲》，建立评价指标体系不考虑（　　）。

A. 环境质量　　B. 公众参与

C. 生态保护　　D. 资源利用

55. 根据《规划环境影响评价技术导则　总纲》，下列情形中，需对规划内容提出优化调整建议的是（　　）。

A. 规划包含的建设项目选址符合生态保护红线管控要求的

B. 规划包含的建设项目满足区域生态环境准入清单要求的

C. 规划实施导致的资源消耗不超过资源利用上线的

D. 规划实施导致的不良环境影响难以判断的

56. 《规划环境影响评价技术导则　产业园区》适用于（　　）。

A. 重点流域规划环境影响评价

B. 区域交通规划环境影响评价

C. 新能源布局规划环境影响评价

D. 经济开发区规划环境影响评价

57. 根据《规划环境影响评价技术导则　产业园区》，产业园区规划环境影响评价统筹协调的原则不包括（　　）。

A. 引导产业园区现代化发展

B. 引导产业园区低碳化发展

C. 引导产业园区绿色化发展

D. 引导产业园区生态化发展

58. 根据《规划环境影响评价技术导则　产业园区》，产业园区规划评价的基本任务不包括（　　）。

A. 识别规划实施环境影响因子　　B. 分析规划实施资源承载状态

C. 预测规划实施环境潜在风险　　D. 推荐规划实施节能降碳技术

59. 根据《规划环境影响评价技术导则　产业园区》，规划实施生态环境压力分析的内容不包括（　　）。

A. 产业园区能源需求量

B. 产业园区碳排放水平

C. 产业园区环境管理水平

D. 产业园区水资源需求量

60. 根据《规划环境影响评价技术导则　产业园区》，产业园区碳减排的主要途径不包括（　　）。

A. 涉碳排放产业结构调整

B. 涉碳排放产业原料替代

C. 涉碳排放产业碳排核查方法

D. 开发涉碳排放产业绿色清洁能源利用

61. 根据《规划环境影响评价技术导则　流域综合规划》，生态环境保护措施不包括（　　）。

A. 重点库区消落区生境修复

B. 重要物种栖息地生境修复

C. 流域碳中和技术体系构建

D. 流域水系连通与生态修复

62. 根据《地表水环境质量标准》，集中式生活饮用水地表水源地一级保护区应执行（　　）水域功能标准。

A. Ⅰ类　　B. Ⅱ类

C. Ⅲ类　　D. Ⅳ类

63. 根据《海水水质标准》，与人类食用直接有关的工业用水区执行的海水水质类别是（　　）。

A. 第一类　　B. 第二类

C. 第三类　　D. 第四类

64. 根据《声环境质量标准》，关于声环境功能区划分的说法，错误的是（　　）。

A. 高速公路两侧一定距离之内应划分为 4a 类声环境功能区

B. 铁路干线两侧一定距离之内应划分为 4b 类声环境功能区

C. 以居民住宅为主要功能的区域应划分为 1 类声环境功能区

D. 以行政办公为主要功能的区域应划分为 2 类声环境功能区

65. 根据《城市区域环境振动标准》，关于居民、文教区铅垂向 Z 振级标准值的说法，正确的是（　　）。

A. 昼间铅垂向 Z 振级标准值为 75dB

B. 夜间铅垂向 Z 振级标准值为 67dB

C. 昼间最大值不超过标准值 3dB

D. 夜间最大值不超过标准值 10dB

66. 根据《土壤环境质量　农用地土壤污染风险管控标准（试行）》，下列用地中，不属于农用地的是（　　）。

A. 果园　　B. 茶园

C. 公园绿地　　D. 人工牧草地

67. 根据《土壤环境质量　建设用地土壤污染风险管控标准（试行）》，关于建设用地土壤污染风险筛选值和管制值的说法，错误的是（　　）。

A. 土壤污染物含量低于筛选值的，一般情况下可以忽略土壤污染风险

B. 土壤污染物含量超过筛选值但低于环境背景值的，应纳入污染地块管理

C. 土壤污染物含量超过筛选值但低于风险管制值的，应开展污染风险评估

D. 土壤污染物含量高于风险管制值的，应当采取风险管控或修复措施

68. 根据《大气污染物综合排放标准》，关于排气筒中连续性排放废气采样的说法，正确的是（　　）。

A. 以连续 8h 的采样获取平均值

B. 8h 内每 2h 采集 1 个样品，计算平均值

C. 以连续 1h 的采样获取平均值

D. 1h 内以等时间间隔采集 3 个样品，计算平均值

69. 根据《污水综合排放标准》，关于标准分级的说法，正确的是（　　）。

A. 排入《地表水环境质量标准》中Ⅳ类水域的污水，执行二级标准

B. 排入《地表水环境质量标准》中Ⅳ类水域的污水，执行三级标准

C. 排入《海水水质标准》中二类海域的污水，执行二级标准

D. 排入《海水水质标准》中三类海域的污水，执行三级标准

70. 根据《建筑施工场界环境噪声排放标准》，建筑施工场界夜间等效声级限值为（　　）。

A. 45dB（A）　　B. 50dB（A）

C. 55dB（A）　　D. 60dB（A）

71. 某社会生活噪声源边界噪声测量值比背景噪声值高 10dB（A）以上，根据《社会生活环境噪声排放标准》，关于该噪声源噪声测量结果修正的说法，正确的是（　　）。

A. 需修正－3dB（A）

B. 需修正－2dB（A）

C. 需修正－1dB（A）

D. 不需做修正

72. 根据《恶臭污染物排放标准》，无组织间歇排放源厂界监测选择在气味最大时间内采样，样品采集次数不少于 3 次，其厂界无组织达标判断应取其测定的（　　）。

A. 最大值　　B. 平均值

C. 最小值　　D. 中位值

73. 根据《挥发性有机物无组织排放控制标准》，检测到设备与管线组件密封点发生泄漏后，除符合规定条件的延迟修复外，应在发现泄漏之日起（　　）d 内完成修复。

A. 5　　　　B. 10

C. 15　　　　D. 30

74. 根据《锅炉大气污染物排放标准》，下列锅炉中，参照执行燃煤锅炉排放控制要求的是（　　）。

A. 醇基燃料锅炉

B. 以危险废物为燃料的锅炉

C. 生物质成型燃料锅炉

D. 以生活垃圾为燃料的锅炉

75. 根据《固体废物鉴别标准　通则》，下列物质中，属于固体废物的是（　　）。

A. 直接用于吸附工艺废气的活性炭

B. 使用过拟返厂再生的活性炭

C. 修复后作为土壤用途使用的污染土壤

D. 废酸中和处理后达标的污水

76. 下列焚烧炉的污染控制，参照执行《生活垃圾焚烧污染控制标准》的是（　　）。

A. 危险废物焚烧炉

B. 电子垃圾焚烧炉

C. 医疗废物专用焚烧炉

D. 一般工业固体废物专用焚烧炉

77. 根据《危险废物填埋污染控制标准》，关于填埋场废水排放控制要求的说法，正确的是（　　）。

A. 填埋场废水间接排放执行城市污水管网纳管标准

B. 填埋场废水向环境水体排放执行直接排放限值

C. 废水中总镍在危险废物填埋场废水总排放口进行监控

D. 废水中总铜在渗滤液调节池废水排放口进行监控

78. 根据《危险废物焚烧污染控制标准》，焚烧炉排气筒最低允许高度为（　　）m。

A. 8　　　　B. 15

C. 25　　　　D. 45

79. 根据《一般工业固体废物贮存和填埋污染控制标准》，进入Ⅰ类场的一般工业固体废物应同时满足的要求不包括（　　）。

A. 第Ⅰ类一般工业固体废物

B. 有机质含量小于 2%（煤矸石除外）

C. 水溶性盐总量小于 2%

D. 含水率低于 60%

80. 根据《一般工业固体废物贮存和填埋污染控制标准》，一般工业固体废物分类主要按其浸出液中的特征污染物浓度是否超过《污水综合排放标准》判定，具体判定标准执行（　　）。

A. 第二类污染物最高允许排放浓度一级标准

B. 第二类污染物最高允许排放浓度二级标准

C. 第一类污染物最高允许排放浓度一级标准

D. 第一类污染物最高允许排放浓度二级标准

二、不定项选择题（共 20 题，每题 2 分。每题的备选项中，至少有 1 个符合题意，多选、错选、少选均不得分）

81. 根据《建设项目环境影响评价技术导则　总纲》，建设项目有多个建设方案、涉及环境敏感区或环境影响显著时，应重点从（　　）等方面进行建设方案环境比选。

A. 工程投资情况

B. 工程施工难度

C. 环境制约因素

D. 环境影响程度

82. 根据《环境影响评价技术导则　大气环境》，三级评价项目污染源调查内容包括（　　）。

A. 现有项目污染源

B. 本项目新增污染源

C. 拟被替代的污染源

D. 新增道路交通移动源

83. 根据《环境影响评价技术导则　地表水环境》，直接排放受纳水体涉及的下列区域中，评价等级不低于二级的建设项目有（　　）。

A. 河滩湿地

B. 饮用水取水口

C. 饮用水水源保护区

D. 珍稀水生生物的栖息地

84. 根据《环境影响评价技术导则　地下水环境》，地下水环境保护目标包括（　　）。

A. 包气带

B. 潜水含水层

C. 集中式饮用水水源地

D. 分散式饮用水水源地

85. 根据《海洋工程环境影响评价技术导则》，大型海水养殖场项目的必选环境影响评价内容包括（　　）。

A. 海水水质环境

B. 海洋沉积物环境

C. 海洋水文动力环境

D. 海洋生态和生物资源环境

86. 根据《环境影响评价技术导则　声环境》，高速公路项目噪声防治措施包括（　　）。

A. 临路建筑物使用功能变更

B. 改善道路结构和路面材料

C. 调整行驶车辆车型的比例

D. 敏感建筑物噪声防护措施

87. 根据《环境影响评价技术导则　土壤环境（试行）》，关于土壤等级划分的说法，正确的有（　　）。

A. 建设项目类别分为Ⅰ类、Ⅱ类、Ⅲ类、Ⅳ类

B. 建设项目所在地土壤环境敏感程度分为敏感、较敏感、不敏感

C. 建设项目土壤环境影响类型包括生态影响型和污染影响型

D. 建设项目土壤环境影响评价工作等级划分为一级、二级、三级和简单分析

88. 根据《环境影响评价技术导则　生态影响》，关于生态监测与环境管理要求的说法，正确的有（　　）。

A. 提出环境影响后评价要求

B. 提出开展施工期工程环境监理要求

C. 施工期应重点监测施工活动对生态保护目标的影响

D. 运行期应重点监测生物多样性影响

89. 根据《建设项目环境风险评价技术导则》，关于风险事故情形设定的说法，正确的有（　　）。

A. 极小概率可作为代表性事故情形中最大可信事故设定的参考

B. 不同环境要素产生影响的风险事故情形按影响最大情形设定

C. 火灾事故伴生污染物可作为设定内容

D. 设定的事故情形应具有危险物质、环境危害、影响途径等方面的代表性

90. 根据《规划环境影响评价技术导则　总纲》，组成环境管控单元的要素包括（　　）。

A. 生态空间

B. 生态保护红线

C. 环境质量底线

D. 资源利用上线

91. 根据《规划环境影响评价技术导则　产业园区》，产业园区规划评价的基本任务有（　　）。

A. 论证规划发展规模的环境合理性

B. 论证规划产业结构的环境合理性

C. 论证规划产业定位的环境合理性

D. 论证规划建设时序的环境合理性

92. 根据《规划环境影响评价技术导则　流域综合规划》，评价原则包括（　　）。

A. 全程参与、充分互动　　B. 严守红线、强化管控

C. 统筹协调、突出重点　　D. 协调一致、科学系统

93. 根据《环境空气质量标准》，关于环境空气功能区质量要求的说法，正确的有（　　）。

A. 自然保护区适用一级浓度限值

B. 农村地区适用一级浓度限值

C. 居住区适用二级浓度限值

D. 文化区适用二级浓度限值

94. 根据《地下水质量标准》，除一般化学指标外，地下水质量常规指标还包括（　　）。

A. 微生物指标

B. 常见毒理学指标

C. 感官性状指标

D. 放射性指标

95. 根据《土壤环境质量　建设用地土壤污染风险管控标准（试行）》，下列用地属于建设用地中第二类用地的有（　　）。

A. 中小学用地

B. 商业设施用地

C. 医疗卫生用地

D. 儿童公园用地

96. 根据《电磁环境控制限值》，电磁环境公众曝露控制限值有（　　）。

A. 电场强度限值

B. 磁感应强度限值

C. 磁场强度限值

D. 无线电干扰限值

97. 《工业企业厂界环境噪声排放标准》规定的厂界环境噪声排放限值有（　　）。

A. 等效声级限值

B. 倍频带声压级限值

C. 夜间频发噪声最大声级限值

D. 夜间偶发噪声最大声级限值

98. 根据《挥发性有机物无组织排放控制标准》，VOCs 无组织排放控制措施有（　　）。

A. VOCs 物料储存于密闭容器中

B. 含 VOCs 废水采用密闭管道输送

C. 监测车间内 VOCs 无组织排放浓度

D. 目视检查管线组件密封点渗液、滴液现象

99. 根据《生活垃圾填埋场污染控制标准》，下列固体废物中，可以直接进入生活垃圾填埋场填埋处置的有（　　）。

A. 生活垃圾焚烧飞灰

B. 企事业单位产生的办公废物

C. 生活垃圾堆肥处理产生的固态残余物

D. 城市生活服务行业产生的性质与生活垃圾相近的一般工业固体废物

100. 根据《危险废物焚烧污染控制标准》，危险废物焚烧炉运行工况的技术性能指标包括（　　）。

A. 高温段温度

B. 烟气含氧量

C. 烟气停留时间

D. 烟气氮氧化物浓度

参考答案及解析

一、单项选择题

1. D 【解析】根据《生态环境标准管理办法》第 21 条的规定，污染物排放标准包括大气污染物排放标准、水污染物排放标准、固体废物污染控制标准、环境噪声排放控制标准和放射性污染防治标准等。选项 D 属于生态环境风险管控标准。

2. D 【解析】环境影响评价因子，应根据建设项目的特点、环境影响的主要特征，结合区域环境功能要求、环境保护目标、评价标准和环境制约因素筛选确定。

3. A 【解析】对建设项目的建设概况、环境质量现状、污染物排放情况、主要环境影响、公众意见采纳情况、环境保护措施、环境影响经济损益分析、环境管理与监测计划等内容进行概括总结，结合环境质量目标要求，明确给出建设项目的环境影响可行性结论。

4. C 【解析】当规划项目排放的 $SO_2+NO_x \geqslant 500$（t/a），评价因子应增加二次污染物 $PM_{2.5}$；$NO_x+VOCs \geqslant 2\ 000$（t/a），评价因子应增加二次污染物 O_3。

5. A 【解析】污染物最大地面空气质量浓度占标率 $P_{max}=8.9\%$，在 $1\% \leqslant P_{max} < 10\%$ 之间，其评价工作等级为二级；对电力、钢铁、水泥、石化、化工、平板玻璃、有色等高耗能行业的多源项目或以使用高污染燃料为主的多源项目，编制环境影响报告书的项目评价等级提高一级。因此，判定该项目大气环境评价工作等级为一级。

6. B 【解析】以近 20 年统计的当地主导风向（N）为轴向，该项目补充监测应在厂址及主导风向下风向（S）5km 范围内设置 1～2 个监测点。

7. B 【解析】城市环境空气质量达标情况评价指标为 SO_2、NO_2、PM_{10}、$PM_{2.5}$、CO 和 O_3，六项污染物全部达标即为城市环境空气质量达标。

8. A 【解析】改建、扩建项目现状工程的污染源和评价范围内拟被替代的污染源调查，可根据数据的可获得性，依次优先使用项目监督性监测数据、在线监测数据、年度排污许可执行报告、自主验收报告、排污许可证数据、环评数据或补充污染源监测数据等。

9. D 【解析】预测模型选择时，一级评价项目应结合项目环境影响预测范围、预测因子及推荐模型的适用范围等选择空气质量模型。

10. B 【解析】不达标区建设项目选择大气污染治理设施、预防措施或多方案比选时，应优先考虑治理效果，结合达标规划和替代源削减方案的实施情况，在只考虑环境因素的前提下选择最优技术方案，保证大气污染物达到最低排放强度和排放浓度，并使环境影响可以接受。

11. C 【解析】若大气环境防护区域内存在长期居住的人群，应给出相应优化调整项目选址、布局或搬迁的建议。

12. D 【解析】控制单元是指综合考虑水体、汇水范围和控制断面三要素而划定的水环境空间管控单元。

13. B 【解析】建设项目的地表水环境影响评价根据主要影响划分为水污染影响型、水文要素影响型以及两者兼有的复合影响型；复合影响型建设项目的评价工作，应按类别分别确定评价等级并开展评价工作。

14. A 【解析】根据不同评价类别，进一步筛选评价因子，确定评价等级与评价范围，明确评价标准、评价重点和水环境保护目标。水污染影响型建设项目评价因子的筛选应符合以下要求：①按照污染源源强核算技术指南，开展建设项目污染源与水污染因子识别，结合建设项目所在水环境控制单元或区域水环境质量现状，筛选水环境现状调查评价与影响预测评价的因子；②行业污染物排放标准中涉及的水污染物应作为评价因子；③在车间或车间处理设施排放口排放的第一类污染物应作为评价因子；④水温应作为评价因子；⑤面源污染所含的主要污染物应作为评价因子；⑥建设项目排放的，且为建设项目所在控制单元的水质超标因子或潜在污染因子（指近 3 年来水质浓度值呈上升趋势的水质因子），应作为评价因子。

15. C 【解析】感潮河段、入海河口、近岸海域在丰、枯水期（或春夏秋冬四季）均应选择大潮期或小潮期中一个潮期开展评价（无特殊要求时，可不考虑一个潮期内高潮期、低潮期的差别）。选择原则为：依据调查监测海域的环境特征，以影响范围较大或影响程度较重为目标，定性判别和选择大潮期或小潮期作为调查潮期。本题中，位于入海河口的某一级评价项目在小潮期水环境影响程度较重，应至少在丰水期和枯水期（或春季和秋季）各选择一个小潮期开展评价。

16. D 【解析】对于水文要素影响型建设项目，受影响水体为河流、湖库时，除覆盖评价范围外，一级、二级评价时，还应包括库区及支流回水影响区、坝下至下一个梯级或河口、受水区、退水影响区。

17. A 【解析】地表水环境现状评价内容包括：①水环境功能区或水功能区、近岸海域环境功能区水质达标状况；②水环境控制单元或断面水质达标状况；③水环境保护目标质量状况；④对照断面、控制断面等代表性断面的水质状况；⑤底泥污染评价；⑥水资源与开发利用程度及其水文情势评价；⑦水环境质量回顾评价；⑧流域（区域）水资源（包括水能资源）与开发利用总体状况、生态流量管理要求与现状满足程度、建设项目占用水域空间的水流状况与河湖演变状况；⑨依托污水处理设施稳定达标排放评价。

18. D 【解析】由河流、湖库数学模型的选择要求可知，三维模型适用于垂向及平面分布差异明显的河流、湖库。

19. A 【解析】水环境保护对策措施的论证应包括水环境保护措施的内容、规模及工艺、相应投资、实施计划，所采取措施的预期效果、达标可行性、经济技术可行性及可靠性分析等内容。

20. B 【解析】当同一建设项目涉及两个或两个以上场地时，各场地应分别判定评价工作等级，并按相应等级开展评价工作。

21. D 【解析】选项D错误，二级评价应根据建设项目特征、水文地质条件及资料掌握情况，采用数值法或解析法进行地下水环境影响预测，评价对地下水环境保护目标的影响。

22. C 【解析】选项C错误，当建设项目所在地水文地质条件相对简单，且所掌握的资料能够满足公式计算法的要求时，应采用公式计算法确定调查评价范围；当不满足公式计算法的要求时，可采用查表法确定。当计算或查表范围超出所处水文地质单元边界时，应以所处水文地质单元边界为宜确定调查评价范围。

23. B 【解析】一级评价要求场地环境水文地质资料的调查精度应不低于1∶10 000比例尺，调查评价区的环境水文地质资料的调查精度应不低于1∶50 000比例尺。

24. B 【解析】三级评价项目潜水含水层水质监测点应不少于3个，可能受建设项目影响且具有饮用水开发利用价值的含水层1～2个。原则上建设项目场地上游及下游影响区的地下水水质监测点各不得少于1个。

25. D 【解析】地下水水质现状监测因子原则上应包括两类：①基本水质因子；②特征因子。其中，基本水质因子以pH、氨氮、硝酸盐、亚硝酸盐、挥发性酚类、氰化物、砷、汞、铬（六价）、总硬度、铅、氟、镉、铁、锰、溶解性总固体、高锰酸盐指数、硫酸盐、氯化物、总大肠菌群、细菌总数等以及背景值超标的水质因子为基础，可根据区域地下水水质状况、污染源状况适当调整。DNAPLs（重质非水相液体）属于比较常见的一类有机污染物，故不属于铅锌钛采选项目的地下水水质现状监测因子。

26. D 【解析】海洋工程环境影响评价等级依据建设项目的工程特点、工程规模和所在地区的环境特征划分。

27. C 【解析】以球面波形式辐射声波的声源，辐射声波的声压幅值与声波传播距离成反比。任何形状的声源，只要声波波长远远大于声源几何尺寸，该声源可视为点声源。

28. A 【解析】建设项目同时包含固定声源和移动声源，应分别进行声环境影响评价；

同一声环境保护目标既受到固定声源影响，又受到移动声源（机场航空器噪声除外）影响时，应叠加环境影响后进行评价。

29. C 【解析】声环境质量评价量为昼间等效 A 声级、夜间等效 A 声级，夜间突发噪声的评价量为最大 A 声级。

30. C 【解析】根据《环境影响评价技术导则 声环境》的规定，评价范围内有适用于《声环境质量标准》（GB 3096）规定的 0 类声环境功能区域，或建设项目建设前后评价范围内声环境保护目标噪声级增量达 5dB（A）以上（不含 5dB（A）），或受影响人口数量显著增加时，按一级评价。

31. B 【解析】对于以固定声源为主的建设项目（如工厂、码头、站场等）的评价范围：①满足一级评价的要求，一般以建设项目边界向外 200m 为评价范围，选项 B 错误；②二级、三级评价范围可根据建设项目所在区域和相邻区域的声环境功能区类别及声环境保护目标等实际情况适当缩小；③如依据建设项目声源计算得到的贡献值到 200m 处，仍不能满足相应功能区标准值时，应将评价范围扩大到满足标准值的距离。

32. A 【解析】一、二、三级评价均应调查分析拟建项目的主要噪声源。

33. C 【解析】选项 C 错误，当声源为固定声源时，现状测点应重点布设在可能同时受到既有声源和建设项目声源影响的声环境保护目标处，以及其他有代表性的声环境保护目标处；为满足预测需要，也可在距离既有声源不同距离处布设衰减测点。

34. A 【解析】选项 A 正确，预测建设项目在施工期和运营期所有声环境保护目标处的噪声贡献值和预测值，评价其超标和达标情况。选项 B 错误，预测和评价建设项目在施工期和运营期厂界（场界、边界）噪声贡献值，评价其超标和达标情况，没有预测值。选项 C、D 错误，一级评价应绘制运行期代表性评价水平年噪声贡献值等声级线图，二级评价根据需要绘制等声级线图。等声级线图是贡献值，不是预测值。

35. B 【解析】交通运输类建设项目（如公路、城市道路、铁路、城市轨道交通、机场项目等）的噪声防治措施应针对建设项目代表性评价水平年的噪声影响预测值进行制定。铁路建设项目噪声防治措施还应同时满足铁路边界噪声限值要求。

36. A 【解析】选项 A 属于准备阶段的内容；选项 B、C、D 均属于现状调查与评价阶段的内容。

37. A 【解析】污染影响型建设项目环境影响途径包括大气沉降、地面漫流、垂直入渗和其他。选项 A 属于生态影响型建设项目环境影响途径。

38. D 【解析】题干中，某Ⅲ类生态影响型建设项目，评价范围内土壤环境不敏感。

根据生态影响型评价工作等级划分表，判定该项目可不开展土壤环境影响评价工作。

39. A 【解析】根据《环境影响评价技术导则　土壤环境（试行）》中污染影响型评价工作等级划分表可知：Ⅰ类小型、敏感项目评价工作等级为一级，选项A正确。Ⅱ类小型、不敏感项目评价工作等级为三级，选项B错误。Ⅲ类小型、敏感项目评价工作等级为三级，选项C错误。Ⅲ类小型、不敏感项目可不开展土壤环境影响评价工作，选项D错误。

40. D 【解析】建设项目（除线性工程外）土壤环境影响现状调查评价范围可根据建设项目影响类型、污染途径、气象条件、地形地貌、水文地质条件等确定并说明，或参考现状调查范围（如评价工作等级、影响类型等）确定。

41. B 【解析】根据《环境影响评价技术导则　土壤环境（试行）》中现状监测布点类型与数量表可知，二级污染影响型建设项目占地不足100hm^2，占地范围内环境现状监测布点的最小数量要求是3个柱状样点，1个表层样点。

42. D 【解析】选项D错误，弃土应按照固体废物相关规定进行处理处置，确保不产生二次污染。

43. B 【解析】建设项目选址选线应尽量避让各类生态敏感区，符合自然保护地、世界自然遗产、生态保护红线等管理要求以及国土空间规划、生态环境分区管控要求。应按照避让、减缓、修复和补偿的次序提出生态保护对策措施，所采取的对策措施应有利于保护生物多样性，维持或修复生态系统功能。

44. C 【解析】选项A错误，涉及自然公园时，评价等级为二级。选项B错误，涉及国家公园、自然保护区、世界自然遗产、重要生境时，评价等级为一级。选项D错误，线性工程地下穿越或地表跨越生态敏感区，在生态敏感区范围内无永久、临时占地时，评价等级可下调一级。

45. A 【解析】根据《环境影响评价技术导则　生态环境》的规定，水生生态一级、二级评价的调查点位、断面等应涵盖评价范围内的干流、支流、河口、湖库等不同水域类型。一级评价应至少开展丰水期、枯水期（河流、湖库）或春季、秋季（入海河口、海域）两期（季）调查，二级评价至少获得一期（季）调查资料，涉及显著改变水文情势的项目应增加调查强度。鱼类调查时间应包括主要繁殖期，水生生境调查内容应包括水域形态结构、水文情势、水体理化性状和底质等。生态现状调查中还应充分考虑生物多样性保护的要求。

46. B 【解析】选项A、C、D均属于生态影响预测与评价方法；选项B属于生态现状调查方法。

47. D 【解析】环境风险评价工作基本内容包括风险调查、环境风险潜势初判、风险识别、风险事故情形分析、风险预测与评价、环境风险管理等。选项D属于环境风险管理的内容。

48. C 【解析】选项A、B错误，环境风险评价范围应根据环境敏感目标分布情况、事故后果预测可能对环境产生危害的范围等综合确定。选项D错误，当大气毒性终点浓度预测到达距离超出评价范围时，应根据预测到达距离进一步调整评价范围。

49. B 【解析】危险物质向环境转移的途径识别，包括分析危险物质特性及可能的环境风险类型，识别危险物质影响环境的途径，分析可能影响的环境敏感目标。

50. D 【解析】一级评价，需选取最不利气象条件及事故发生地的最常见气象条件分别进行后果预测；二级评价，需选取最不利气象条件进行后果预测。

51. A 【解析】选项A错误，事故废水环境风险防范应明确“单元—厂区—园区/区域”的环境风险防控体系要求。

52. D 【解析】选项A、B、C均属于规划环境影响评价的技术流程；选项D属于生态环境准入清单的内容。

53. D 【解析】现状调查的基本要求：开展资源利用和生态环境现状调查、环境影响回顾性分析，明确评价区域资源利用水平和生态功能、环境质量现状、污染物排放状况，分析主要生态环境问题及成因，梳理规划实施的资源、生态、环境制约因素。

54. B 【解析】结合规划实施的资源、生态、环境等制约因素，从环境质量、生态保护、资源利用、污染排放、风险防控、环境管理等方面构建评价指标体系。

55. D 【解析】根据规划方案的环境合理性和环境效益论证结果，对规划内容提出明确的、具有可操作性的优化调整建议，特别是出现以下情形时：①规划的主要目标、发展定位不符合上层位主体功能区规划、区域“三线一单”等要求；②规划空间布局和包含的具体建设项目选址、选线不符合生态保护红线、重点生态功能区，以及其他环境敏感区的保护要求；③规划开发活动或包含的具体建设项目不满足区域生态环境准入清单要求、属于国家明令禁止的产业类型或不符合国家产业政策、环境保护政策；④规划方案中配套的生态保护、污染防治和风险防控措施实施后，区域的资源、生态、环境承载力仍无法支撑规划实施，环境质量无法满足评价目标，或仍可能造成重大的生态破坏和环境污染，或仍存在显著的环境风险；⑤规划方案中有依据现有科学水平和技术条件，无法或难以对其产生的不良环境影响的程度或范围作出科学、准确判断的内容。

56. D 【解析】《规划环境影响评价技术导则　产业园区》适用于国务院及省、自治区、直辖市人民政府批准设立的各类产业园区规划环境影响评价，其他类型园区可参照执行。

57. A 【解析】产业园区规划环境影响评价统筹协调的原则：协调好产业发展与区域、产业园区环境保护关系，统筹产业园区减污降碳协同共治、资源集约节约及循环化利用、能源智慧高效利用、环境风险防控等重大事项，引导产业园区生态化、低碳化、绿色化发展。

58. D 【解析】产业园区规划评价的基本任务包括：①开展产业园区发展情况与区域生态环境现状调查、生态环境影响回顾性评价，规划实施主要生态、环境、资源制约因素分析；②识别规划实施主要生态环境影响和风险因子，分析规划实施生态环境压力、污染物减排和节能降碳潜力，预测与评价规划实施环境影响和潜在风险，分析资源与环境承载状态；③论证规划产业定位、发展规模、产业结构、布局、建设时序及环境基础设施等的环境合理性，并提出优化调整建议，说明优化调整的依据和潜在效果或效益；④提出既有环境问题及不良环境影响的减缓对策、措施，明确规划实施环境影响跟踪监测与评价要求、规划所含建设项目的环境影响评价重点，制定或完善产业园区环境准入及产业园区环境管理要求，形成评价结论与建议。

59. C 【解析】规划实施生态环境压力分析的内容包括：①结合主要污染物排放强度及污染控制水平、碳排放特征、产业园区污染集中处理、资源能源集约利用水平，设置不同情景方案，评估产业园区水资源、土地资源、能源等需求量、主要污染物排放量及碳排放水平；②重点关注有潜在显著环境影响或风险的特征污染物、新污染物和持久性污染物、汞等公约管控的物质排放特征，分析主要污染源空间分布、排放方式、排放强度、污染控制水平及排放量。

60. C 【解析】提出产业园区碳减排的主要途径和主要措施建议，包括涉碳排放产业规模、结构调整、原料替代，能源利用效率提升，绿色清洁能源利用，废物的节能与低碳化处置等。

61. C 【解析】生态环境保护与污染防治对策和措施包括：①从生态风险防范、流域环境管理、生态环境监测、水资源管理等方面提出预防措施；②从生态调度和监控机制、控制断面生态流量保障、物种及其生境保护、重要水源地保护、自然保护地与重要湿地保护、自然河段保留、流域水污染防治、沙化石漠化和水土流失治理等方面提出减缓措施；③从替代生境构建与保护、流域水系连通修复、岸线和河（湖）滨带修复、重点库区消落区和重点湖泊生态环境修复、退化林草和受损湿地修复、重要栖息地修复等方面提出修复补救措施，必要时提出流域生态补偿措施。对流域现存的生态环境问题，提出解决方案或后续管理要求。

62. B 【解析】Ⅱ类水域功能标准主要适用于集中式生活饮用水地表水源地一级保护区、珍稀水生生物栖息地、鱼虾类产卵场、仔稚幼鱼的索饵场等。

63. B 【解析】第二类海水水质标准适用于水产养殖区，海水浴场，人体直接接触海水的海上运动或娱乐区，以及与人类食用直接有关的工业用水区。

64. D 【解析】选项 D 错误，1 类声环境功能区是指以居民住宅、医疗卫生、文化教育、科研设计、行政办公为主要功能，需要保持安静的区域。

65. B 【解析】选项 A 错误，昼间铅垂向 Z 振级标准值为 70dB。选项 C、D 错误，每日发生几次的冲击振动，其最大值昼间不允许超过标准值 10dB，夜间不超过 3dB。

66. C 【解析】农用地包括耕地（水田、水浇地、旱地）、园地（果园、茶园）和草地（天然牧草地、人工牧草地）。选项 C 属于建设用地的第一类用地。

67. B 【解析】选项 B 错误，具体地块土壤中污染物检测含量超过筛选值但等于或者低于土壤环境背景值水平的，不纳入污染地块管理。

68. C 【解析】排气筒中废气的采样，以连续 1h 的采样获取平均值；或在 1h 内，以等时间间隔采集 4 个样品，并计平均值。

69. A 【解析】选项 A 正确，选项 B、D 错误，排入《地表水环境质量标准》（GB 3838）中Ⅳ、Ⅴ类水域和排入《海水水质标准》（GB 3097）中三类海域的污水，执行二级标准。选项 C 错误，排入《地表水环境质量标准》（GB 3838）Ⅲ类水域（划定的保护区和游泳区除外）和排入《海水水质标准》（GB 3097）中二类海域的污水，执行一级标准。

70. C 【解析】建筑施工场界环境噪声排放限值：昼间为 70dB（A），夜间为 55dB（A）。

71. D 【解析】噪声测量值与背景噪声值相差大于 10dB（A）时，噪声测量值不做修正。

72. A 【解析】无组织间歇排放源选择在气味最大时间内采样，样品采集次数不少于 3 次，取其最大测定值。

73. C 【解析】当检测到设备与管线组件密封点发生泄漏时，对泄漏源应予以标识并及时修复。发现泄漏之日起 5d 内应进行首次修复，除符合规定条件的延迟修复外，应在发现泄漏之日起 15d 内完成修复。

74. C 【解析】使用型煤、水煤浆、煤矸石、石油焦、油页岩、生物质成型燃料等的锅炉，参照《锅炉大气污染物排放标准》中燃煤锅炉排放控制要求执行。

75. B 【解析】选项 A 属于未被抛弃或放弃的固态物质，不属于固体废物；选项 C 属于不作为固体废物管理的物质；选项 D 属于液态物质，不属于固体废物。

76. D 【解析】掺加生活垃圾质量超过入炉（窑）物料总质量 30% 的工业窑炉以及生活污水处理设施产生的污泥、一般工业固体废物的专用焚烧炉的污染控制参照《生活垃圾焚烧污染控制标准》执行。

77. B 【解析】选项A错误，选项B正确，填埋场产生的渗滤液（调节池废水）等污水必须经过处理，并符合《危险废物填埋污染控制标准》规定的污染物排放控制要求后方可排放，禁止渗滤液回灌。选项C错误，废水中总镍在渗滤液调节池废水排放口进行监控。选项D错误，废水中总铜在危险废物填埋场废水总排放口进行监控。

78. C 【解析】焚烧炉排气筒最低允许高度为25m，其焚烧处理能力小于等于300kg/h。

79. D 【解析】进入Ⅰ类场的一般工业固体废物应同时满足的要求：①第Ⅰ类一般工业固体废物；②有机质含量小于2%（煤矸石除外）；③水溶性盐总量小于2%。

80. A 【解析】第Ⅰ类、第Ⅱ类一般工业固体废物中，第二类污染物最高允许排放浓度按照一级标准执行。

二、不定项选择题

81. CD 【解析】建设项目有多个建设方案、涉及环境敏感区或环境影响显著时，应重点从环境制约因素、环境影响程度等方面进行建设方案环境比选。

82. BC 【解析】三级评价项目，只调查本项目新增污染源和拟被替代的污染源。

83. BCD 【解析】直接排放受纳水体影响范围涉及饮用水水源保护区、饮用水取水口、重点保护与珍稀水生生物的栖息地、重要水生生物的自然产卵场等保护目标时，评价等级不低于二级；建设项目直接排放的污染物为受纳水体超标因子的，评价等级不低于二级。

84. BCD 【解析】地下水环境保护目标包括潜水含水层和可能受建设项目影响且具有饮用水开发利用价值的含水层，集中式饮用水水源和分散式饮用水水源地，以及《建设项目环境影响评价分类管理名录》中所界定的涉及地下水的环境敏感区。

85. ABCD 【解析】大型海水养殖场项目的必选环境影响评价内容包括海水水质环境、海洋沉积物环境、海洋生态和生物资源环境及海洋水文动力环境；可选环境影响评价内容包括海洋地形地貌与冲淤环境、环境风险和其他评价内容。

86. ABD 【解析】公路、城市道路交通运输噪声防治措施包括：①通过选线方案的声环境影响预测结果比较，分析声环境保护目标受影响的程度，影响规模，提出选线方案推荐建议；②根据工程与环境特征，给出局部线路调整、声环境保护目标搬迁、临路建筑物使用功能变更、改善道路结构和路面材料、设置声屏障和对敏感建筑物进行噪声防护等具体的措施方案及其降噪效果，并进行经济、技术可行性论证；③根据噪声影响特点和环境特点，提出城镇规划区路段线路与敏感建筑物之间的规划调整建议；④给出车辆行驶规定（限速、禁鸣等）及噪声监测计划等对策建议。

87. ABC 【解析】选项D错误，建设项目土壤环境影响评价工作等级划分为一级、二级、三级。

88. ABC 【解析】选项D错误，施工期重点监测施工活动干扰下生态保护目标的受影响状况，如植物群落变化、重要物种的活动、分布变化、生境质量变化等；运行期重点监测对生态保护目标的实际影响、生态保护对策措施的有效性以及生态修复效果等。有条件或有必要的，可开展生物多样性监测。

89. ACD 【解析】选项B错误，对不同环境要素产生影响的风险事故情形，应分别进行设定。

90. ABCD 【解析】环境管控单元是指集成生态保护红线及生态空间、环境质量底线、资源利用上线的管控区域。

91. ABCD 【解析】产业园区规划评价的基本任务之一为，论证规划产业定位、发展规模、产业结构、布局、建设时序及环境基础设施等的环境合理性，并提出优化调整建议，说明优化调整的依据和潜在效果或效益。

92. ABD 【解析】流域综合规划评价的原则包括：①全程参与、充分互动；②严守红线、强化管控；③统筹衔接、突出重点；④协调一致、科学系统。

93. ACD 【解析】环境空气功能区分为两类：一类区为自然保护区、风景名胜区和其他需要特殊保护的区域；二类区为居住区、商业交通居民混合区、文化区、工业区和农村地区。一类区适用一级浓度限值，二类区适用二级浓度限值。

94. ABCD 【解析】地下水质量常规指标是指反映地下水质量基本状况的指标，包括感官性状及一般化学指标、微生物指标、常见毒理学指标和放射性指标。

95. B 【解析】根据《土壤环境质量 建设用地土壤污染风险管控标准（试行）》的规定，建设用地的第二类用地包括《城市用地分类与规划建设用地标准》（GB 50137）规定的城市建设用地中的工业用地（M），物流仓储用地（W），商业服务业设施用地（B），道路与交通设施用地（S），公用设施用地（U），公共管理与公共服务用地（A）[中小学用地（A33）、医疗卫生用地（A5）、社会福利设施用地（A6）除外]，以及绿地与广场用地（G）[公园绿地（G1）中的社区公园或儿童公园用地除外]等。

96. ABC 【解析】电磁环境公众曝露控制限值包括电场强度限值、磁场强度限值、磁感应强度限值和等效平面波功率密度限值。

97. ACD 【解析】工业企业厂界环境噪声排放限值包括昼间等效声级限值、夜间等效声级限值、夜间频发噪声最大声级限值和夜间偶发噪声最大声级限值。选项B属于结构传播固定设备室内噪声排放限值。

98. ABD 【解析】选项A正确，VOCs物料应储存于密闭的容器、包装袋、储罐、储库、料仓中。选项 B 正确，对于工艺过程排放的含 VOCs 废水，采用密闭管道输送，接入口和排出口采取与环境空气隔离的措施。选项 C 错误，对厂区内 VOCs 无组织排放进行监控时，在厂房门窗或通风口、其他开口（孔）等排放口外 1m，距离地面 1.5m 以上位置处进行监测；若厂房不完整（如有顶无围墙），则在操作工位下风向 1m，距离地面 1.5m 以上位置处进行监测，题干是监测车间内 VOCs 无组织排放浓度，所以错误。选项 D 正确，对设备与管线组件的密封点每周进行目视观察，检查其密封处是否出现渗液、滴液等可见泄漏现象。

99. BCD　**【解析】**下列废物可以直接进入生活垃圾填埋场填埋处置：①由环境卫生机构收集或者自行收集的混合生活垃圾，以及企事业单位产生的办公废物；②生活垃圾焚烧炉渣（不包括焚烧飞灰）；③生活垃圾堆肥处理产生的固态残余物；④服装加工、食品加工以及其他城市生活服务行业产生的性质与生活垃圾相近的一般工业固体废物。

100. ABC　**【解析】**危险废物焚烧炉运行工况的技术性能指标包括焚烧炉高温段温度、烟气停留时间、烟气含氧量、烟气一氧化碳浓度、燃烧效率、焚毁去除率、热灼减率。

准考证号：________

考生姓名：________

工作单位：________

2021 年全国环境影响评价工程师职业资格考试

环境影响评价技术导则与标准

考生注意事项

1. 答题前，考生须在试题册指定位置上填写工作单位、考生姓名和准考证号；在答题卡指定位置上填写考生姓名和准考证号，并涂写准考证号信息点。
2. 选择题的答案必须涂写在答题卡相应题号的选项上，非选择题的答案必须书写在答题卡指定位置的边框区域内。超出答题区域书写的答案无效；在草稿纸、试题册上答题无效。
3. 填（书）写部分必须使用黑色字迹签字笔或者钢笔书写，字迹工整、笔迹清楚；涂写部分必须使用 2B 铅笔填涂。
4. 考试结束，将答题卡和试题册按规定交回。

一、单项选择题（共80题，每题1分。每题的备选项中，只有1个最符合题意）

1. 根据《建设项目环境影响评价技术导则　总纲》，改扩建项目污染源核算内容不包括（　　）。

A. 现有项目污染物排放量　　B. 在建项目污染物排放量

C. 规划项目污染物排放量　　D. 改扩建项目污染物排放量

2. 根据《建设项目环境影响评价技术导则　总纲》，建设项目环境管理与监测计划不包括（　　）。

A. 污染物排放清单　　B. 污染源监测计划

C. 环境质量监测计划　　D. 监督性监测计划

3. 根据《环境影响评价技术导则　大气环境》，大气环境基本污染物不包括（　　）。

A. PM_{10}　　B. SO_2

C. NO_x　　D. CO

4. 某枢纽机场拟进行飞行区和地面服务区扩建，经计算，地面服务区新增设施排放各污染物最大地面空气质量浓度占标率 $P_{max}=0.75\%$。根据《环境影响评价技术导则　大气环境》，考虑对周边城市的环境影响时，该项目大气环境评价等级为（　　）。

A. 一级　　B. 二级

C. 三级　　D. 条件不足，无法判断

5. 根据《环境影响评价技术导则　大气环境》，一级评价项目环境空气质量现状调查内容不包括（　　）。

A. 调查所在区域环境质量达标情况

B. 调查评价范围内基本污染物的环境质量监测数据

C. 调查评价范围内有环境质量标准的评价因子环境质量监测数据

D. 评价范围内环境质量监测数据不能满足相关规定时，应开展补充监测

6. 某建设项目位于A县县域，评价范围还涉及同一行政区管辖的B、C两县，其中A、B县域环境空气质量达标，C县域环境空气质量不达标。根据《环境影响评价技术导则　大气环境》，关于该项目评价区域达标判定的说法，正确的是（　　）。

A. 可直接判定该项目所在评价区域为达标区

B. 可直接判定该项目所在评价区域为不达标区

C. 应以三个县评价指标算术平均值进行达标判定

D. 应以三个县评价指标距离加权平均值进行达标判定

7. 根据《环境影响评价技术导则　大气环境》，关于AERMOD推荐模型应用范围的说法，正确的是（　　）。

A. 适用于二次污染物 O_3 预测

B. 适用于二次污染物 $PM_{2.5}$ 预测

C. 适用于局地尺度特殊风场的环境影响预测

D. 适用于局地尺度大于50km范围的环境影响预测

8. 根据《环境影响评价技术导则　大气环境》，关于污染控制措施有效性分析与方案比

选的说法，错误的是（　　）。

A. 达标区建设项目，应综合考虑成本和治理效果，选择最佳可行技术方案

B. 达标区建设项目，应保证大气污染物能够达标排放，环境可以接受

C. 不达标区建设项目，应综合考虑成本和治理效果，选择最优方案

D. 不达标区建设项目，应保证大气污染物达到最低排放强度，环境可以接受

9. 根据《环境影响评价技术导则　大气环境》，排放口非正常排放量核算内容不包括（　　）。

A. 排放高度　　B. 排放速率

C. 单次排放持续时间　　D. 年发生频次

10. 根据《环境影响评价技术导则　大气环境》，采用估算模型 AERSCREEN 确定评价等级时，需要设置的模型参数不包括（　　）。

A. 地形参数选项　　B. 岸边熏烟选项

C. 风向风速选项　　D. 城市/农村选项

11. 根据《环境影响评价技术导则　大气环境》，大气环境影响预测评价结果的表达内容不包括（　　）。

A. 各污染物最大质量浓度贡献值分布图

B. 各污染物保证率日平均质量浓度分布图

C. 各污染物年平均质量浓度分布图

D. 各污染物短期平均质量浓度分布图

12. 根据《环境影响评价技术导则　地表水环境》，关于水污染影响型建设项目评价等级判定的说法，正确的是（　　）。

A. 直接排放第一类污染物的项目，评价等级应为一级

B. 直接排放第二类污染物的项目，评价等级应为二级

C. 直接排放的污染物为受纳水体超标因子的项目，评价等级应为一级

D. 直接排放受纳水体影响范围涉及饮用水取水口的项目，评价等级应为一级

13. 根据《环境影响评价技术导则　地表水环境》，水文要素影响型建设项目评价等级判定的依据不包括（　　）。

A. 水温　　B. 径流条件

C. 受影响水域特征　　D. 水质现状

14. 根据《环境影响评价技术导则　地表水环境》，确定建设项目水环境质量评价标准的依据不包括（　　）。

A. 评价范围　　B. 水域功能

C. 保护目标　　D. 国家标准

15. 根据《环境影响评价技术导则　地表水环境》，确定地表水环境现状调查因子的依据不包括（　　）。

A. 评价范围水环境质量要求　　B. 建设项目污染物排放特点

C. 建设项目生产废水排放量　　D. 水环境影响预测评价要求

16. 根据《环境影响评价技术导则　地表水环境》，关于地表水环境影响预测的说法，错误的是（　　）。

A. 应考虑评价范围内拟建项目与建设项目排放同种污染物的影响

B. 应考虑评价范围内拟建项目与建设项目对相同水文要素的影响

C. 水污染影响型三级 B 评价可不进行水环境影响预测

D. 水文要素影响型三级评价可不进行定量预测

17. 根据《环境影响评价技术导则　地表水环境》，水污染影响型建设项目地表水环境影响预测内容不包括（　　）。

A. 预测控制断面污染物浓度　　B. 预测污染源排放口污染物浓度

C. 预测取水口所在断面污染物浓度　D. 预测污染源排放核算断面污染物浓度

18. 根据《环境影响评价技术导则　地表水环境》，预测河流断面水温分布时，适用的数学模型是（　　）。

A. 零维模型　　B. 平面二维模型

C. 一维模型　　D. 立面二维模型

19. 根据《环境影响评价技术导则　地表水环境》，地表水环境影响预测中规定的不利枯水条件不包括（　　）。

A. 90%保证率最枯月平均流量　　B. 最近 10 年最枯月平均流量

C. 实测历史最小流量　　D. 河道内生态流量

20. 根据《环境影响评价技术导则　地表水环境》，河流生态需水不包括（　　）。

A. 绿化用水　　B. 湿地需水

C. 景观需水　　D. 水生生态需水

21. 某焦化项目位于地下热水资源丰富的滨海区。根据《环境影响评价技术导则　地下水环境》，该项目的地下水环境影响评价工作等级为（　　）。

A. 一级　　B. 二级

C. 三级　　D. 条件不足，无法判断

22. 根据《环境影响评价技术导则　地下水环境》，一级评价项目场地环境水文地质资料的调查精度应不低于（　　）。

A. 1∶50 000　　B. 1∶10 000

C. 1∶5 000　　D. 1∶1 000

23. 根据《环境影响评价技术导则　地下水环境》，二级评价项目场地及其下游影响区的地下水水质监测点数量原则上不得少于（　　）。

A. 1 个　　B. 2 个

C. 3 个　　D. 5 个

24. 某一级评价项目所在区域潜水位埋深不足 100m，已收集到近 3 年内项目区连续 1 个水文年的枯、平、丰水期水位、水质监测资料。根据《环境影响评价技术导则　地下水环境》，关于该项目评价期地下水位、水质现状监测的说法，正确的是（　　）。

A. 可不开展现状监测　　B. 至少应开展一期现状监测

C. 至少应开展二期现状监测　　　　D. 至少应开展三期现状监测

25. 根据《环境影响评价技术导则　地下水环境》，不能直接判定为水质预测因子的是（　　）。

A. 标准指数最大的因子　　　　B. 改、扩建后新增的特征因子

C. 污染场地已查明的污染因子　　D. 地方要求控制的污染物因子

26. 根据《环境影响评价技术导则　地下水环境》，关于正常状况下预测源强确定的说法，正确的是（　　）。

A. 应结合工程分析和相关设计规范确定

B. 应按生产工艺设备系统老化程度设定

C. 应按地下水环境保护设施腐蚀程度设定

D. 应按地下水环境保护设施系统老化程度设定

27. 根据《环境影响评价技术导则　地下水环境》，评价建设项目对地下水水质影响时，下列判据中，可得出满足评价标准要求结论的是（　　）。

A. 环保措施技术上可行、经济上明显不合理的

B. 建设项目排放的主要污染物，在评价范围内地下水中略有超标的

C. 建设项目各个不同阶段，除场界外小范围以外地区，均能满足标准要求的

D. 建设项目实施的某个阶段，有个别评价因子出现较大范围超标，但采取环保措施后可满足标准要求的

28. 根据《环境影响评价技术导则　声环境》，环境噪声不包括（　　）。

A. 自然风雨声　　　　B. 人群活动声

C. 建筑施工声　　　　D. 交通运输声

29. 根据《环境影响评价技术导则　声环境》，声环境影响评价不包括（　　）。

A. 固定声源的环境影响评价

B. 流动声源的环境影响评价

C. 建设项目声源对外环境的影响评价

D. 外环境声源对工业建设项目的影响评价

30. 根据《环境影响评价技术导则　声环境》，关于环境噪声评价量或声源源强表达量的说法，错误的是（　　）。

A. 最大 A 声级（L_{max}）属厂界（场界、边界）噪声评价量

B. 有效感觉噪声级（L_{EPN}）属声源源强表达量

C. 倍频带声压级（L_P）属声环境质量评价量

D. A 声功率级（L_{AW}）属声源源强表达量

31. 根据《环境影响评价技术导则　声环境》，关于声环境影响评价范围的说法，正确的是（　　）。

A. 以固定声源为主的工业项目，一般以建设项目边界向外 100m 为评价范围

B. 以流动声源为主的铁路项目，一般以铁路边界线外两侧 200m 为评价范围

C. 机场周围飞机噪声评价范围应根据飞行量计算到 L_{WECPN} 为 70dB 的区域

D. 评价工作等级为一级的不同公路项目，评价范围相同

32. 根据《环境影响评价技术导则　声环境》，声环境现状调查主要内容不包括（　　）。

A. 评价范围内地理地形图　　B. 项目所在区域气象特征

C. 项目所在区域声环境功能区　　D. 项目所在区域土地利用规划

33. 根据《环境影响评价技术导则　声环境》，关于监测执行标准的说法，正确的是（　）。

A. 声环境质量监测应执行《声环境功能区划分技术规范》

B. 铁路边界噪声测量应执行《社会生活环境噪声排放标准》

C. 机场场界噪声测量应执行《机场周围飞机噪声环境标准》

D. 混凝土搅拌站厂界噪声测量应执行《工业企业厂界环境噪声排放标准》

34. 已知某声源位于自由空间，其最大几何尺寸为 3m，声源的 A 声功率级为 105dB（A），距声源 5m 处噪声级为 80dB（A）。根据《环境影响评价技术导则　声环境》，计算距该声源 50m 处噪声级时，涉及声源简化及声波几何发散衰减，其计算表达式正确的是（　　）。

A. 105－ 20lg（50）－11　　B. 105－ 20lg（50）－8

C. 80－20lg（50/5）　　D. 80－10lg（50/5）

35. 根据《环境影响评价技术导则　声环境》，户外声传播衰减需考虑（　　）。

A. 反射体引起的修正　　B. 风引起的附加修正

C. 雾引起的附加修正　　D. 温度梯度引起的附加修正

36. 根据《环境影响评价技术导则　声环境》，铁路噪声防治措施不包括（　　）。

A. 运行速度调整　　B. 鸣笛方式调整

C. 列车车型调整　　D. 敏感建筑物功能置换

37. 《环境影响评价技术导则　土壤环境（试行）》适用于（　　）建设项目的土壤环境影响评价。

A. 石油开采　　B. 输变电

C. 核技术利用　　D. 电视塔台

38. 某Ⅰ类土壤污染影响型建设项目，占地规模为小型，周边邻近耕地。根据《环境影响评价技术导则　土壤环境（试行）》，该项目土壤环境影响评价工作等级为（　）。

A. 一级　　B. 二级

C. 三级　　D. 可不开展评价

39. 根据《环境影响评价技术导则　土壤环境（试行）》，土壤环境现状调查与评价的基本原则不包括（　　）。

A. 资料收集与现场调查相结合

B. 调查工作深度应满足工作级别要求

C. 在占地范围内开展调查需兼顾外围敏感目标

D. 涉及两种影响类型时按最高工作级别开展调查

40. 某Ⅱ类土壤污染影响型建设项目，占地规模为中型，周边100m范围内有耕地，涉及大气沉降途径影响，预测废气排放的最大落地浓度点位于厂界外300m。根据《环境影响评价技术导则　土壤环境（试行）》，该项目土壤环境现状调查范围应为厂界外至少（　　）内。

A. 100m　　B. 200m　　C. 300m　　D. 1 000m

41. 根据《环境影响评价技术导则　土壤环境（试行）》，建设项目土壤环境现状监测表层样应在（　　）取样。

A. 0～0.2m　　B. 0～0.5m

C. 0～1.5m　　D. 0～3m

42. 根据《环境影响评价技术导则　土壤环境（试行）》，关于土壤环境现状评价标准使用的说法，错误的是（　　）。

A. 农用地应选用相应标准中的筛选值进行评价

B. 建设用地应选用相应标准中的管制值进行评价

C. 土地利用类型无对应标准的，评价时可只给出现状监测值

D. 评价因子国内外无可参照标准的，评价时可只给出现状监测值

43. 根据《环境影响评价技术导则　土壤环境（试行）》，关于土壤环境跟踪监测计划的说法，错误的是（　　）。

A. 应在重点影响区附近布设监测点位

B. 应在环境敏感目标附近布设监测点位

C. 评价等级为一级的项目一般每3年开展1次监测

D. 评价等级为三级的项目一般每5年开展1次监测

44. 根据《环境影响评价技术导则　生态影响》，特殊生态敏感区不包括（　　）。

A. 重要湿地　　B. 世界文化遗产地

C. 自然保护区　　D. 世界自然遗产地

45. 某拟建高速公路长45km，沿线穿越2处一般湿地。根据《环境影响评价技术导则　生态影响》，该项目生态影响评价工作等级为（　　）。

A. 一级　　B. 二级

C. 三级　　D. 仅做生态影响分析

46. 根据《环境影响评价技术导则　生态影响》，建设项目工程分析时段不包括（　　）。

A. 规划期　　B. 勘察期　　C. 施工期　　D. 运营期

47. 根据《环境影响评价技术导则　生态影响》，主要生态问题调查内容不包括（　　）。

A. 水土流失　　B. 污染危害

C. 自然灾害　　D. 特有种分布特征

48. 根据《环境影响评价技术导则　生态影响》，生态影响的防护、恢复与补偿原则不包括（　　）。

A. 对重要生态敏感区优先采取生态补偿措施

B. 对特殊生态敏感区须提出可靠的避让措施

C. 应针对项目不同实施阶段分别提出生态保护措施

D. 所采取措施的效果应有利修复和增强区域生态功能

49. 根据《建设项目环境风险评价技术导则》，关于评价工作等级划分的说法，错误的是（　　）。

A. 风险潜势为Ⅳ，应开展一级评价

B. 风险潜势为Ⅲ，应开展二级评价

C. 风险潜势为Ⅱ，应开展三级评价

D. 风险潜势为Ⅰ，无须开展评价

50. 根据《建设项目环境风险评价技术导则》，环境风险评价范围确定原则不包括（　　）。

A. 根据评价工作等级确定评价范围

B. 根据环境敏感目标分布情况确定评价范围

C. 根据建设项目风险源分布情况确定评价范围

D. 根据事故后果预测可能对环境产生危害的范围确定评价范围

51. 根据《建设项目环境风险评价技术导则》，建设项目风险源调查内容不包括（　　）。

A. 生产工艺特点　　B. 污染源数量和分布情况

C. 危险物质数量和分布情况　　D. 危险物质安全技术说明书

52. 根据《建设项目环境风险评价技术导则》，关于建设项目风险潜势划分的说法，错误的是（　　）。

A. 位于环境中度敏感区，危险物质及工艺系统轻度危害，环境风险潜势为Ⅲ级

B. 位于环境中度敏感区，危险物质及工艺系统中度危害，环境风险潜势为Ⅲ级

C. 位于环境高度敏感区，危险物质及工艺系统轻度危害，环境风险潜势为Ⅲ级

D. 位于环境高度敏感区，危险物质及工艺系统中度危害，环境风险潜势为Ⅲ级

53. 根据《建设项目环境风险评价技术导则》，纳入环境风险评价结论的主要内容不包括（　　）。

A. 项目危险因素　　B. 事故环境影响

C. 环境风险防范措施　　D. 安全应急预案

54. 根据《规划环境影响评价技术导则　总纲》，规划环境影响评价的原则不包括（　　）。

A. 早期介入、过程互动

B. 统筹衔接、分类指导

C. 规划优先、公众参与

D. 客观评价、结论科学

55. 根据《规划环境影响评价技术导则　总纲》，规划协调性分析不包括（　　）。

A. 分析与同层位生态环境保护规划的协调性

B. 分析与生态环境保护法律法规的符合性

C. 分析与“三线一单”管控要求的符合性

D. 分析与所包含建设项目的协调性

56. 根据《规划环境影响评价技术导则　总纲》，关于环境现状调查的说法，错误的是（　）。

A. 环境现状调查应优先开展环境现状监测

B. 采用环境监测数据应说明其监测点位的代表性

C. 环境现状调查应立足于收集和利用评价范围内已有的常规现状资料

D. 有常规监测资料的区域，监测资料原则上包括近 5 年或更长时间段资料

57. 根据《规划环境影响评价技术导则　总纲》，环境影响回顾性分析的内容不包括（　）。

A. 分析区域生态环境演变趋势与上一轮规划实施的关系

B. 调查分析上一轮规划环评及审查意见落实情况

C. 提出本次评价应重点关注的生态环境问题及解决途径

D. 识别规划实施可能产生的资源、环境与生态问题

58. 根据《规划环境影响评价技术导则　总纲》，环境影响预测与评价内容不包括（　）。

A. 评估不同情景下生态系统的演变趋势

B. 评估不同情景下环境质量底线的调整空间

C. 估算不同情景下规划实施支撑性资源的需求量

D. 估算不同情景下主要污染物的产生量、排放量

59. 根据《规划环境影响评价技术导则　总纲》，规划方案综合论证与优化调整建议的基本要求不包括（　）。

A. 论证设定的环境目标可达性

B. 论证规划内容的环境合理性

C. 分析规划实施的环境制约因素

D. 提出上层规划方案的调整建议

60. 根据《规划环境影响评价技术导则　总纲》，规划方案的环境合理性论证内容不包括（　）。

A. 论证规划目标与发展定位的环境合理性

B. 论证规划规模和建设时序的环境合理性

C. 论证重点生态功能区布局的环境合理性

D. 论证规划能源与产业结构的环境合理性

61. 根据《环境空气质量标准》，二类环境空气功能区不包括（　）。

A. 居住区　　B. 文化区

C. 农村地区　　D. 风景名胜区

62. 根据《地表水环境质量标准》，关于水样采集后样品处理的说法，正确的是（　）。

A. 应自然沉降 30min，取下层沉降部分分析

B. 应自然沉降 30min，取上层非沉降部分分析

C. 应充分混合 30min，取混合部分分析

D. 应充分混合 30min，取过滤后滤液分析

63. 根据《海水水质标准》，适用于海水浴场的海水水质类别是（　　）。

A. 第一类　　B. 第二类

C. 第三类　　D. 第四类

64. 根据《声环境质量标准》，关于 2 类声环境功能区执行环境噪声限值的说法，正确的是（　　）。

A. 夜间等效声级限值为 45dB（A）

B. 昼间等效声级限值为 65dB（A）

C. 夜间突发噪声最大声级限值为 65dB（A）

D. 昼间突发噪声最大声级限值为 75dB（A）

65. 根据《城市区域环境振动标准》，铁路干线两侧执行的夜间铅垂向 Z 振级标准值是（　　）。

A. 80dB　　B. 77dB

C. 75dB　　D. 72dB

66. 根据《土壤环境质量　农用地土壤污染风险管控标准（试行）》，农用地土壤污染风险管制值项目不包括（　　）。

A. 镍　　B. 砷

C. 镉　　D. 铅

67. 根据《土壤环境质量　建设用地土壤污染风险管控标准（试行）》，下列建设用地中，不属于第一类用地的是（　　）。

A. 居住用地　　B. 学校用地

C. 物流仓储用地　　D. 社区公园用地

68. 根据《污水综合排放标准》，关于标准分级的说法，错误的是（　　）。

A. 排入地表水Ⅱ类水域的现有排污口按水体功能要求实行污染物总量控制

B. 排入地表水Ⅲ类水域（划定的保护区和游泳区除外）执行一级标准

C. 排入地表水Ⅳ类水域执行二级标准

D. 排入地表水Ⅴ类水域执行三级标准

69. 根据《工业企业厂界环境噪声排放标准》，关于厂界噪声测量时段的说法，正确的是（　　）。

A. 工作时段内，任意测量连续 1h 的等效声级

B. 工作时段内，任意测量连续 20min 的等效声级

C. 被测声源排放稳态噪声，测量不少于 10min 的等效声级

D. 被测声源排放非稳态噪声，测量有代表性时段的等效声级

70. 某建筑施工场地位于 2 类声环境功能区，夜间需进行施工作业。根据《建筑施工场界环境噪声排放标准》，该建筑施工场界噪声排放执行的夜间噪声限值是（　　）。

A. 等效声级 50dB（A）

B. 等效声级 60dB（A）

C. 最大声级 65dB（A）

D. 最大声级 70dB（A）

71. 某社会生活噪声源位于 1 类声环境功能区，其边界与噪声敏感建筑物距离小于 1m，应在噪声敏感建筑物室内进行噪声测量。根据《社会生活环境噪声排放标准》，对该测量结果评价时，采用的昼间等效声级限值是（　　）。

A. 35dB（A）　　B. 40dB（A）

C. 45dB（A）　　D. 55dB（A）

72.《恶臭污染物排放标准》规定的恶臭污染物不包括（　　）。

A. 二甲胺　　B. 二硫化碳

C. 三甲胺　　D. 二甲二硫醚

73. 根据《挥发性有机物无组织排放控制标准》，企业中载有气态、液态 VOCs 物料的设备与管线组件的密封点达到（　　）的，应开展泄漏检测与修复（LDAR）工作。

A. 500 个　　B. 1 000 个

C. 2 000 个　　D. 5 000 个

74. 根据《锅炉大气污染物排放标准》，在烟囱排放口进行监控的污染物项目是（　　）。

A. 颗粒物　　B. 臭气浓度

C. 汞及其化合物　　D. 烟气黑度

75.《固体废物鉴别标准　通则》适用于（　　）。

A. 固体废物分类

B. 危险废物分类

C. 液态废物鉴别

D. 放射性废物鉴别

76. 根据《固体废物鉴别标准　通则》，环境治理和污染控制过程中产生的固体废物不包括（　　）。

A. 堆肥生产过程中产生的残余物

B. 农业生产中产生的作物秸杆

C. 固体废物焚烧处置产生的飞灰

D. 园林管理中清理产生的枝叶

77.《生活垃圾焚烧污染控制标准》不适用于（　　）。

A. 生活垃圾焚烧厂环境影响评价

B. 医疗废物焚烧处置

C. 生活垃圾焚烧厂竣工环保验收

D. 生活污水处理厂污泥焚烧处置

78. 根据《危险废物填埋污染控制标准》，在对危险废物填埋场场址进行环境影响评价时，重点考虑的因素不包括（　　）。

A. 渗滤液可能产生的风险

B. 防渗层安全性导致的渗漏风险

C. 填埋场结构长期安全性

D. 填埋场集排气系统的设计保障

79. 根据《危险废物填埋污染控制标准》，危险废物填理场禁选区域不包括（　　）。

A. 塌陷区　　B. 软土区域

C. 滑坡区　　D. 废弃矿区

80. 根据《一般工业固体废物贮存和填埋污染控制标准》，进入Ⅰ类场的一般工业固体废物应同时满足的要求不包括（　　）。

A. 第Ⅰ类一般工业固体废物

B. 有机质含量小于2%（煤矸石除外）

C. 水溶性盐总量小于2%

D. 含水率低于60%

二、不定项选择题（共20题，每题2分。每题的备选项中，至少有1个符合题意，多选、错选、少选均不得分）

81. 根据《生态环境标准管理办法》，生态环境标准包括（　　）。

A. 生态环境质量标准

B. 生态环境风险管控标准

C. 生态环境基础标准

D. 生态环境管理技术规范

82. 根据《建设项目环境影响评价技术导则　总纲》，建设项目涉及多个建设方案、环境敏感区域或环境影响显著时，建设方案的环境比选重点包括（　　）。

A. 总投资

B. 建设周期

C. 环境制约因素

D. 环境影响程度

83. 根据《环境影响评价技术导则　大气环境》，关于一级评价项目环境监测计划的说法，正确的有（　　）。

A. 应提出生产运行阶段的有组织污染源监测计划

B. 应提出生产运行阶段的无组织污染源监测计划

C. 应提出项目排放基本污染物的环境质量监测计划

D. 应提出项目排放污染物 $P_i \geqslant 1\%$ 的其他污染物环境质量监测计划

84. 根据《环境影响评价技术导则　大气环境》，位于不达标区的建设项目，其环境影响可以接受的条件有（　　）。

A. 新增污染源正常排放下污染物短期浓度贡献值最大浓度占标率≤100%

B. 新增污染源正常排放下一类区污染物年均浓度贡献值最大浓度占标率≤30%

C. 对于现状浓度超标的污染物评价，计算范围内年均质量浓度变化率 $k \leqslant -20\%$

D. 对于现状浓度达标的污染物评价，叠加后污染物浓度符合环境质量标准

85. 根据《环境影响评价技术导则　地表水环境》，关于水文要素影响型建设项目评价等级判定的说法，正确的有（　　）。

A. 影响范围涉及饮用水水源保护区的项目，评价等级应为一级

B. 影响范围涉及自然保护区的项目，评价等级应为一级

C. 跨流域调水项目，评价等级应不低于二级

D. 引水式电站项目，评价等级应不低于二级

86. 根据《环境影响评价技术导则　地表水环境》，当受纳水体为不受回水影响的河段时，关于污水直接排放的建设项目污染源排放量核算的说法，正确的有（　　）。

A. 核算水体应为评价范围内功能水体

B. 核算断面应位于排放口上、下游 2km 内

C. 核算的排放量应满足地表水环境质量管理要求

D. 核算的排放量应预留必要的安全余量

87. 根据《环境影响评价技术导则　地下水环境》，关于地下水环境保护措施与对策的说法，正确的有（　　）。

A. 应对改扩建项目提出“以新带老”措施

B. 应提出地下水环境跟踪监测方案

C. 应估算地下水环境保护措施投资

D. 应给出各项措施对策的实施效果

88. 根据《环境影响评价技术导则　声环境》，声环境影响预测点应包括（　　）。

A. 建设项目厂界处

B. 评价范围边界处

C. 建设项目主要声源附近

D. 评价范围内敏感目标处

89. 根据《环境影响评价技术导则　声环境》，关于制定噪声防治措施一般要求的说法，正确的有（　　）。

A. 工业项目噪声防治措施应针对建设项目投产后噪声影响最大预测值制定

B. 公路项目噪声防治措施应根据项目代表性时段噪声影响预测值分期制定

C. 制定的工业项目噪声防治措施需满足厂界（场界、边界）噪声达标要求

D. 制定的工业项目噪声防治措施需满足评价范围内敏感目标的达标要求

90. 根据《环境影响评价技术导则　土壤环境（试行）》，关于生态影响型建设项目土壤污染防控措施的说法，正确的有（　　）。

A. 涉及盐化影响的可采取排水排盐措施

B. 涉及盐化影响的可采取升高地下水位措施

C. 涉及酸化碱化影响的可采取降低地下水位措施

D. 涉及酸化碱化影响的可采取调节土壤 pH 值措施

91. 根据《环境影响评价技术导则　生态影响》，生态现状评价内容包括（　　）。

A. 生态系统保护措施的有效性

B. 生态系统面临的压力与问题

C. 生态系统的结构与功能状况

D. 生态系统的生物多样性保护

92. 根据《建设项目环境风险评价技术导则》，关于环境风险防范措施的说法，正确的有（　　）。

A. 环境风险防范措施应纳入环保投资

B. 地下水环境风险防范应重点采取源头控制和分区防渗措施

C. 事故废水环境风险防范应设置事故废水收集和应急储存设施

D. 大气环境风险防范应提出事故状态下人员疏散通道等应急建议

93. 根据《规划环境影响评价技术导则　总纲》，环境影响预测与评价内容应包括（　　）。

A. 规划实施对评价区域资源的影响

B. 规划实施对评价区域环境的影响

C. 规划实施对评价区域经济的影响

D. 规划实施对评价区域生态的影响

94. 根据《地下水质量标准》，适用于各种用途的地下水质量类别有（　　）。

A. Ⅰ类　　B. Ⅱ类

C. Ⅳ类　　D. Ⅴ类

95. 根据《土壤环境质量　建设用地土壤污染风险管控标准（试行）》，关于土壤污染风险筛选值和管制值使用的说法，正确的有（　　）。

A. 土壤污染物含量低于筛选值的，用地风险可忽略，不开展详细调查

B. 土壤污染物含量超过筛选值但低于环境背景值的，应开展详细调查

C. 土壤污染物含量等于风险管制值的，应开展风险评估确定风险水平

D. 土壤污染物含量高于风险管制值的，应采取风险管控或修复措施

96. 关于《大气污染物综合排放标准》指标体系的说法，正确的有（　　）。

A. 标准规定了通过排气筒排放的废气排放量限值

B. 标准规定了与排气筒高度对应的最高允许排放速率

C. 标准规定了通过排气筒排放的污染物最高允许排放浓度

D. 标准规定了无组织排放的监控点及相应的监控浓度限值

97. 下列对外环境排放噪声的单位中，执行《工业企业厂界环境噪声排放标准》的有（　　）。

A. 学校　　B. 影剧院

C. 汽车维修厂　　D. 集中供热中心

98. 根据《挥发性有机物无组织排放控制标准》，表征挥发性有机物（VOCs）总体排放情况的污染物控制项目包括（　　）。

A. 总烃（THC）

B. 非甲烷总烃（NMHC）

C. 总有机碳（TOC）

D. 总挥发性有机物（TVOC）

99. 根据《生活垃圾填埋场污染控制标准》，不得在生活垃圾填埋场填埋处置的废物有（　　）。

A. 电子废物　　B. 未经处理的粪便

C. 电子废物处置残余物　　D. 生活垃圾焚烧炉渣

100. 根据《危险废物填埋污染控制标准》，不得在危险废物填埋场填埋处置的废物有（　　）。

A. 医疗废物　　B. 有机质废物

C. 液态废物　　D. 与衬层具有不相容性反应的废物

参考答案及解析

一、单项选择题

1. C 【解析】对改扩建项目的污染物排放量（包括有组织与无组织、正常工况与非正常工况）的统计，应分别按现有、在建、改扩建项目实施后等几种情形汇总污染物产生量、排放量及其变化量，核算改扩建项目建成后最终的污染物排放量。

2. D 【解析】环境管理与监测计划：①按建设项目建设阶段、生产运行、服务期满后（可根据项目情况选择）等不同阶段，针对不同工况、不同环境影响和环境风险特征，提出具体环境管理要求。②给出污染物排放清单，明确污染物排放的管理要求。包括工程组成及原辅材料组分要求，建设项目拟采取的环境保护措施及主要运行参数，排放的污染物种类、排放浓度和总量指标，污染物排放的分时段要求，排污口信息，执行的环境标准，环境风险防范措施以及环境监测等。提出应向社会公开的信息内容。③提出建立日常环境管理制度、组织机构和环境管理台账相关要求，明确各项环境保护设施和措施的建设、运行及维护费用保障计划。④环境监测计划应包括污染源监测计划和环境质量监测计划，内容包括监测因子、监测网点布设、监测频次、监测数据采集与处理、采样分析方法等，明确自行监测计划内容。

3. C 【解析】大气环境基本污染物包括二氧化硫（SO_2）、二氧化氮（NO_2）、可吸入颗粒物（PM_{10}）、细颗粒物（$PM_{2.5}$）、一氧化碳（CO）、臭氧（O_3）。

4. A 【解析】根据评价等级判别表（见下表），选项C正确。

评价工作等级	评价工作分级判据
一级评价	$P_{max} \geqslant 10\%$
二级评价	$1\% \leqslant P_{max} < 10\%$
三级评价	$P_{max} < 1\%$

对新建、迁建及飞行区扩建的枢纽及干线机场项目，应考虑机场飞机起降及相关辅助设施排放源对周边城市的环境影响，评价等级取一级。因此，判定该项目大气环境评价等级为一级。

5. B 【解析】一级评价项目调查项目所在区域环境质量达标情况，作为项目所在区域是否为达标区的判断依据。调查评价范围内有环境质量标准的评价因子的环境质量监测数据或进行补充监测，用于评价项目所在区域污染物环境质量现状，以及计算环境空气保护目标和网格点的环境质量现状浓度。

6. B 【解析】根据国家或地方生态环境主管部门公开发布的城市环境空气质量达标情况，判断项目所在区域是否属于达标区。如项目评价范围涉及多个行政区（县级或以上，下同），需分别评价各行政区的达标情况，若存在不达标行政区，则判定项目所在评价区域为不达标区。

7. B 【解析】采用 AERMOD、ADMS 等模型模拟 $PM_{2.5}$时，需将模型模拟的 $PM_{2.5}$一次污染物的质量浓度，同步叠加按 SO_2、NO_2等前体物转化比率估算的二次 $PM_{2.5}$质量浓度，得到 $PM_{2.5}$的贡献浓度。

8. C 【解析】污染控制措施有效性分析与方案比选：①达标区建设项目选择大气污染治理设施、预防措施或多方案比选时，应综合考虑成本和治理效果，选择最佳可行技术方案，保证大气污染物能够达标排放，并使环境影响可以接受；②不达标区建设项目选择大气污染治理设施、预防措施或多方案比选时，应优先考虑治理效果，结合达标规划和替代源削减方案的实施情况，在只考虑环境因素的前提下选择最优技术方案，保证大气污染物达到最低排放强度和排放浓度，并使环境影响可以接受。

9. A 【解析】项目各排放口非正常排放量核算应结合非正常排放预测结果，首先提出相应的污染控制与减缓措施。当出现 1h 平均质量浓度贡献值超过环境质量标准时，应提出减少污染排放直至停止生产的相应措施。明确列出发生非正常排放的污染源、非正常排放原因、排放污染物、非正常排放浓度与排放速率、单次持续时间、年发生频次及应对措施。

10. C 【解析】AERSCREEN 是等级判定模型，确定评价等级时，需要设置的模型参数有城市/农村选项、是否考虑地形、是否考虑岸线熏烟，不需要设置风向风速选项。

11. A 【解析】大气环境影响预测结果图：在基础底图上绘制各污染物保证率日平均质量浓度分布图，年平均质量浓度分布图，或短期平均质量浓度分布图。

12. A 【解析】建设项目直接排放第一类污染物的，其评价等级为一级；建设项目直接排放的污染物为受纳水体超标因子的，评价等级不低于二级。直接排放受纳水体影响范围涉及饮用水水源保护区、饮用水取水口、重点保护与珍稀水生生物的栖息地、重要水生生物的自然产卵场等保护目标时，评价等级不低于二级。

13. D 【解析】根据评价等级、水文要素影响类别、影响及恢复程度确定，水文要素影响型建设项目评价范围应符合以下要求：①水温要素影响评价范围为建设项目形成水温分层水域，以及下游未恢复到天然（或建设项目建设前）水温的水域。②径流要素影响评价范围为水体天然性状发生变化的水域，以及下游增减水影响水域。③地表水域影响评价范围为相对建设项目建设前日均或潮均流速及水深，或高（累积频率 5%）低（累积频率 90%）水位（潮位）变化幅度超过±5%的水域。④建设项目影响范围涉及水环境保护目标的，评价范围至少应扩大到水环境保护目标内受影响的水域。⑤存在多类水文要素影响的建设项目，应分别确定各水文要素影响评价范围，取各水文要素评价范围的外包线作为水文要素的评价范围。

14. A 【解析】根据 GB 3097、GB 3838、GB 5084、GB 11607、GB 18421、GB 18668 及相应的地方标准，结合受纳水体水环境功能区或水功能区、近岸海域环境功能区、水环境保护目标、生态流量等水环境质量管理要求，确定地表水环境质量评价标准。

15. C 【解析】建设项目环境现状调查范围的确定，需要遵循以下原则：①应覆盖评价范围，以平面图方式表示，并明确起、止断面的位置及涉及范围。②对于水污染影响型建设项目，除覆盖评价范围外，受纳水体为河流时，在不受回水影响的河流段，排放口上游调查范围宜不小于500m，受回水影响河段的上游调查范围原则上与下游调查的河段长度相等；受纳水体为湖库时，以排放口为圆心，调查半径在评价范围基础上外延20%～50%。③对于水文要素影响型建设项目，受影响水体为河流、湖库时，除覆盖评价范围外，一级、二级评价时还应包括库区及支流回水影响区、坝下至下一个梯级或河口、受水区、退水影响区。④对于水污染影响型建设项目，建设项目排放污染物中包括氮、磷或有毒污染物且受纳水体为湖泊、水库时，一级评价的调查范围应包括整个湖泊、水库，二级、三级A评价时，调查范围应包括排放口所在水环境功能区、水功能区或湖（库）湾区。⑤受纳或受影响水体为入海河口及近岸海域时，调查范围依据GB/T 19485要求执行。

16. D　**【解析】**选项D错误，一级、二级、水污染影响型三级A与水文要素影响型三级评价应定量预测建设项目水环境影响，水污染影响型三级B评价可不进行水环境影响预测。

17. B　**【解析】**水污染影响型建设项目地表水环境影响预测内容主要包括：①各关心断面（控制断面、取水口、污染源排放核算断面等）水质预测因子的浓度及变化；②到达水环境保护目标处的污染物浓度；③各污染物最大影响范围；④湖泊、水库及半封闭海湾等，还需关注富营养化状况与水华、赤潮等；⑤排放口混合区范围。

18. D　**【解析】**河流数学模型适用条件见下表。预测河流断面水温分布，需要考虑其垂向特征明显，应选用立面二维模型。

模型分类	模型空间分类						模型时间分类	
	零维模型	纵向一维模型	河网模型	平面二维	立面二维	三维模型	稳态	非稳态
适用条件	水域基本均匀混合	沿程横断面均匀混合	多条河道相互连通，使得水流运动和污染物交换相互影响的河网地区	垂向均匀混合	垂向分层特征明显	垂向及平面分布差异明显	水流恒定，排污稳定	水流不恒定，或排污不稳定

19. C　**【解析】**河流、湖库设计水文条件要求：①河流不利枯水条件宜采用90%保证率最枯月流量或近10年最枯月平均流量；流向不定的河网地区和潮汐河段，宜采用90%保证率流速为零时的低水位相应水量作为不利枯水水量；湖库不利枯水条件应采用近10年最低月平均水位或90%保证率最枯月平均水位相应的蓄水量，水库也可采用死库容相应的蓄水量。其他水期的设计水量则应根据水环境影响预测需求确定。②受人工调控的河段，可采用最小下泄流量或河道内生态流量作为设计流量。③根据设计流量，采用水力学、水文学等方法确定水位、流速、河宽、水深等其他水力学数据。

20. A　**【解析】**河流生态环境需水包括水生生态需水、水环境需水、湿地需水、景观需水、河口压咸需水等。

21. A 【解析】焦化项目属于建设项目环境影响评价Ⅰ类项目，该项目位于地下热水资源丰富的滨海区，环境敏感程度为敏感，评价工作等级为一级。

22. B 【解析】一级评价要求场地环境水文地质资料的调查精度应不低于 1∶10 000 比例尺，调查评价区的环境水文地质资料的调查精度应不低于 1∶50 000 比例尺。

23. B 【解析】二级评价项目潜水含水层的水质监测点应不少于 5 个，可能受建设项目影响且具有饮用水开发利用价值的含水层应为 2～4 个。原则上建设项目场地上游和两侧的地下水水质监测点均不得少于 1 个，建设项目场地及其下游影响区的地下水水质监测点不得少于 2 个。

24. B 【解析】评价工作等级为一级的建设项目，若掌握近 3 年内至少 1 个连续水文年的枯、平、丰水期地下水水位动态监测资料，评价期内应至少开展一期地下水水位监测。

25. C 【解析】水质预测因子应包括：①根据识别出的特征因子，按照重金属、持久性有机污染物和其他类别进行分类，并对每一类别中的各项因子采用标准指数法进行排序，分别取标准指数最大的因子作为预测因子；②现有工程已经产生的且改、扩建后将继续产生的特征因子，改、扩建后新增加的特征因子；③污染场地已查明的主要污染物，按照①筛选预测因子；④国家或地方要求控制的污染物。

26. A 【解析】地下水环境影响预测源强的确定应充分结合工程分析：①正常状况下，预测源强应结合建设项目工程分析和相关设计规范确定，如 GB 50141、GB 50268 等；②非正常状况下，预测源强可根据地下水环境保护设施或工艺设备的系统老化或腐蚀程度等设定。

27. D 【解析】评价建设项目对地下水水质影响时，可采用以下判据评价水质能否满足标准的要求。①以下情况应得出可以满足评价标准要求的结论：a. 建设项目各个不同阶段，除场界内小范围以外地区，均能满足 GB/T 14848 或国家（行业、地方）相关标准要求的；b. 在建设项目实施的某个阶段，有个别评价因子出现较大范围超标，但采取环保措施后，可满足 GB/T 14848 或国家（行业、地方）相关标准要求的。②以下情况应得出不能满足评价标准要求的结论：a. 新建项目排放的主要污染物，改、扩建项目已经排放的及将要排放的主要污染物在评价范围内地下水中已经超标的；b. 环保措施在技术上不可行，或在经济上明显不合理的。

28. A 【解析】根据《环境影响评价技术导则　声环境》，环境噪声是指在工业生产、建筑施工、交通运输和社会生活中所产生的干扰周围生活环境的声音（频率在 20～20 000 Hz 的可听声范围内）。

29. D 【解析】声环境影响评价类别：①按评价对象划分，可分为建设项目声源对外环境的环境影响评价和外环境声源对需要安静建设项目的环境影响评价；②按声源种类划分，可分为固定声源和流动声源的环境影响评价。

30. C 【解析】选项 C 错误，倍频带声压级 L_P 为声源源强表达量。

31. C 【解析】选项 A 错误，对于以固定声源为主的建设项目（如工厂、港口、施工工地、铁路站场等)，满足一级评价的要求，一般以建设项目边界向外 200m 为评价范围。选项 B、D 错误，城市道路、公路、铁路、城市轨道交通地上线路和水运线路等建设项目，满足一级评价的要求，一般以道路中心线外两侧 200m 以内为评价范围。如依据建设项目声源计算得到的贡献值到 200m 处，仍不能满足相应功能区标准值时，应将评价范围扩大到满足标准值的距离。

32. D **【解析】**声环境现状调查基本内容：①影响声波传播的环境要素调查，包括调查建设项目所在区域的主要气象特征、收集评价范围内地理地形图；②评价范围内现有敏感目标调查；③声环境功能区划和声环境质量现状调查；④现状声源调查。

33. D **【解析】**声环境质量监测应执行《声环境质量标准》；铁路边界噪声测量应执行《铁路边界噪声限值及其测量方法》；机场周围飞机噪声测量应执行《机场周围飞机噪声测量方法》。

34. A **【解析】**根据《环境影响评价技术导则　声环境》，如果已知点声源的倍频带声功率级 L_w 或 A 声功率级（L_{Aw}），且声源处于自由声场，则声级计算公式为：$L_A(r)=L_{Aw}-20\lg(r)-11=105-20\lg(50)-11$。

35. A **【解析】**户外声源声波在空气中传播引起声级衰减的主要因素有几何发散引起的衰减（包括反射体引起的修正）、屏障引起的衰减、地面效应引起的衰减、空气吸收引起的衰减、绿化林带以及气象条件引起的附加衰减等。

36. C **【解析】**根据《环境影响评价技术导则　声环境》，铁路、城市轨道噪声防治措施有：①通过不同选线方案声环境影响预测结果，分析敏感目标受影响的程度，提出优化的选线方案建议；②根据工程与环境特征，给出局部线路和站场调整，敏感目标搬迁或功能置换，轨道、列车、路基（桥梁）、道床的优选，列车运行方式、运行速度、鸣笛方式的调整，设置声屏障和对敏感建筑物进行噪声防护等具体的措施方案及其降噪效果，并进行经济、技术可行性论证；③在符合《中华人民共和国城乡规划法》中明确的可对城乡规划进行修改的前提下，提出城镇规划区段铁路（或城市轨道交通）与敏感建筑物之间的规划调整建议；④给出列车行驶规定及噪声监测计划等对策建议。

37. A **【解析】**《环境影响评价技术导则　土壤环境（试行）》适用于化工、冶金、矿山采掘、农林、水利等可能对土壤环境产生影响的建设项目土壤环境影响评价。

38. A **【解析】**根据题干，某Ⅰ类土壤污染影响型建设项目，占地规模为小型，周边邻近耕地，该项目土壤环境影响评价工作等级为一级。

39. D **【解析】**现状调查与评价基本原则与要求：①土壤环境现状调查与评价工作应遵循资料收集与现场调查相结合、资料分析与现状监测相结合的原则；②土壤环境现状调查与评价工作的深度应满足相应的工作级别要求，当现有资料不能满足要求时，应通过组织现场调查、监测等方法获取；③建设项目同时涉及土壤环境生态影响型与污染影响型时，应分别按相应评价工作等级要求开展土壤环境现状调查，可根据建设项目特征适当调整、优化调查内容；④工业园区内的建设项目应重点在建设项目占地范围内开展现状调查工作，并兼顾其可能影响的园区外围土壤环境敏感目标。

40. B 【解析】根据题干，该项目属于评价工作等级为二级的污染影响型建设项目，土壤环境现状调查范围应为厂界外至少 200m 内。

41. A 【解析】根据《环境影响评价技术导则 土壤环境（试行）》，建设项目土壤环境现状监测表层样应在 0～0.2m 取样。

42. B 【解析】土壤环境现状评价标准：①根据调查评价范围内的土地利用类型，分别选取 GB 15618、GB 36600 等标准中的筛选值进行评价，土地利用类型无相应标准的可只给出现状监测值；②评价因子在 GB 15618、GB 36600 等标准中未规定的，可参照行业、地方或国外相关标准进行评价，无可参照标准的可只给出现状监测值。

43. D 【解析】土壤环境跟踪监测计划应明确监测点位、监测指标、监测频次以及执行标准等：①监测点位应布设在重点影响区和土壤环境敏感目标附近；②监测指标应选择建设项目特征因子；③评价工作等级为一级的建设项目一般每 3 年内开展 1 次监测工作，二级的每 5 年内开展 1 次，三级的必要时可开展跟踪监测；④生态影响型建设项目跟踪监测应尽量在农作物收割后开展；⑤执行标准应同评价标准。

44. A 【解析】特殊生态敏感区是指具有极重要的生态服务功能，生态系统极为脆弱或已有较为严重的生态问题，如遭到占用、损失或破坏后所造成的生态影响后果严重且难以预防、生态功能难以恢复和替代的区域，包括自然保护区。世界文化和自然遗产地等。

45. C 【解析】根据《环境影响评价技术导则 生态影响》，某拟建高速公路长 45km，沿线穿越 2 处一般湿地，为生态影响一般区域，生态影响评价工作等级为三级。

46. A 【解析】建设项目工程分析时段应涵盖勘察期、施工期、运营期和退役期，以施工期和运营期为调查分析的重点。

47. D 【解析】主要生态问题调查内容：调查影响区域内已经存在的制约本区域可持续发展的主要生态问题，如水土流失、沙漠化、石漠化、盐渍化、自然灾害、生物入侵和污染危害等，指出其类型、成因、空间分布、发生特点等。

48. A 【解析】生态影响的防护、恢复与补偿原则：①应按照避让、减缓、补偿和重建的次序提出生态影响防护与恢复的措施；所采取措施的效果应有利修复和增强区域生态功能。②凡涉及不可替代、极具价值、极敏感、被破坏后很难恢复的敏感生态保护目标（如特殊生态敏感区、珍稀濒危物种）时，必须提出可靠的避让措施或生境替代方案。③涉及采取措施后可恢复或修复的生态目标时，也应尽可能提出避让措施；否则，应制定恢复、修复和补偿措施。各项生态保护措施应按项目实施阶段分别提出，并提出实施时限和估算经费。

49. D 【解析】风险潜势为Ⅳ及以上，进行一级评价；风险潜势为Ⅲ，进行二级评价；风险潜势为Ⅱ，进行三级评价；风险潜势为Ⅰ，可开展简单分析。

50. C 【解析】环境风险评价范围：①大气环境风险评价范围：一级、二级评价距建设项目边界一般不低于 5km；三级评价距建设项目边界一般不低于 3km。油气、化学品输送管线项目一级、二级评价距管道中心线两侧一般均不低于 200m；三级评价距管道中心线两侧一般均不低于 100m。当大气毒性终点浓度预测到达距离超出评价范围时，应根据预测到达距离进一步调整评价范围。②地表水环境风险评价范围参照 HJ 2.3 确定。③地下水环境风险评价范围参照 HJ 610 确定。④环境风险评价范围应根据环境敏感目标分布情况、事故后果预测可能对环境产生危害的范围等综合确定。项目周边所在区域，评价范围外存在需要特别关注的环境敏感目标，评价范围需延伸至所关心的目标。

51. B 【解析】建设项目风险源调查内容包括建设项目危险物质数量和分布情况、生产工艺特点，收集危险物质安全技术说明书（MSDS）等基础资料。

52. A 【解析】选项 A 错误，位于环境中度敏感区，危险物质及工艺系统轻度危害，环境风险潜势为Ⅱ级。

53. D 【解析】环境风险评价结论与建议：①项目危险因素；②环境敏感性及事故环境影响；③环境风险防范措施和应急预案；④环境风险评价结论与建议。

54. C 【解析】规划环境影响评价的原则有：①早期介入、过程互动；②统筹衔接、分类指导；③客观评价、结论科学。

55. D 【解析】规划协调性分析：①筛选出与本规划相关的生态环境保护法律法规、环境经济政策、环境技术政策、资源利用和产业政策，分析本规划与其相关要求的符合性；②分析规划规模、布局、结构等规划内容与上层位规划、区域“三线一单”管控要求、战略或规划环评成果的符合性，识别并明确在空间布局以及资源保护与利用、生态环境保护等方面的冲突和矛盾；③筛选出在评价范围内与本规划同层位的自然资源开发利用或生态环境保护相关规划，分析与同层位规划在关键资源利用和生态环境保护等方面的协调性，明确规划与同层位规划间的冲突和矛盾。

56. A 【解析】现状调查基本要求：①开展资源利用和生态环境现状调查、环境影响回顾性分析，明确评价区域资源利用水平和生态功能、环境质量现状、污染物排放状况，分析主要生态环境问题及成因，梳理规划实施的资源、生态、环境制约因素。②现状调查应立足于收集和利用评价范围内已有的常规现状资料，并说明资料来源和有效性。有常规监测资料的区域，资料原则上包括近5年或更长时间段资料，能够说明各项调查内容的现状和变化趋势。对其中的环境监测数据，应给出监测点位名称、监测点位分布图、监测因子、监测时段、监测频次及监测周期等，分析说明监测点位的代表性。③当已有资料不能满足评价要求，或评价范围内有需要特别保护的环境敏感区时，可利用相关研究成果，必要时进行补充调查或监测，补充调查样点或监测点位应具有针对性和代表性。

57. D 【解析】环境影响回顾性分析：结合上一轮规划实施情况或区域发展历程，分析区域生态环境演变趋势和现状生态环境问题与上一轮规划实施或发展历程的关系，调查分析上一轮规划环评及审查意见落实情况和环境保护措施的效果。提出本次评价应重点关注的生态环境问题及解决途径。

58. B 【解析】环境影响预测与评价的内容中，规划实施生态环境压力分析的内容如下：①依据环境现状评价和回顾性分析结果，考虑技术进步等因素，估算不同情景下水、土地、能源等规划实施支撑性资源的需求量和主要污染物（包括常规污染物和特征污染物）的产生量、排放量；②依据生态现状评价和回顾性分析结果，考虑生态系统演变规律及生态保护修复等因素，评估不同情景下主要生态因子（如生物量、植被覆盖度/率、重要生境面积等）的变化量。

59. D 【解析】规划方案综合论证和优化调整建议的基本要求：以改善环境质量和保障生态安全为核心，综合环境影响预测与评价结果，论证规划目标、规模、布局、结构等规划内容的环境合理性以及评价设定的环境目标的可达性，分析判定规划实施的重大资源、生态、环境制约的程度、范围、方式等，提出规划方案的优化调整建议并推荐环境可行的规划方案。如果规划方案优化调整后资源、生态、环境仍难以承载，不能满足资源利用上线和环境质量底线要求，应提出规划方案的重大调整建议。

60. C 【解析】规划方案的环境合理性论证：①基于区域环境保护目标以及“三线一单”要求，结合规划协调性分析结论，论证规划目标与发展定位的环境合理性；②基于环境影响预测与评价和资源与环境承载力评估结论，结合资源利用上线和环境质量底线等要求，论证规划规模和建设时序的环境合理性；③基于规划布局与生态保护红线、重点生态功能区、其他环境敏感区的空间位置关系和对以上区域的影响预测结果，结合环境风险评价的结论，论证规划布局的环境合理性；④基于环境影响预测与评价和资源与环境承载力评估结论，结合区域环境管理和循环经济发展要求，以及规划重点产业的环境准入条件和清洁生产水平，论证规划用地结构、能源结构、产业结构的环境合理性；⑤基于规划实施环境影响预测与评价结果，结合生态环境保护措施的经济技术可行性、有效性，论证环境目标的可达性。

61. D 【解析】根据《环境空气质量标准》，一类环境空气功能区为自然保护区、风景名胜区和其他需要特殊保护的区域；二类环境空气功能区为居住区、商业交通居民混合区、文化区、工业区和农村地区。

62. B 【解析】根据《地表水环境质量标准》，水质监测的项目标准值，要求水样采集后自然沉降 30min，取上层非沉降部分按规定方法进行分析。

63. B 【解析】按照海域的不同适用功能和保护目标，海水水质分为四类：第一类，适用于海洋渔业水域，海上自然保护区和珍稀濒危海洋生物保护区；第二类，适用于水产养殖区，海水浴场，人体直接接触海上运动或娱乐区，以及与人类食用直接有关的工业用水区；第三类，适用于一般工业用水区，滨海风景旅游区；第四类，适用于海洋港口水域，海洋开发作业区。

64. C 【解析】根据《声环境质量标准》，2 类声环境功能区环境噪声限值为昼间 60dB（A）、夜间 50dB（A）。各类声环境功能区夜间突发噪声，其最大声级超过环境噪声限值的幅度不得高于 15dB（A）。

65. A 【解析】根据《城市区域环境振动标准》，铁路干线两侧执行的夜间铅垂向 Z 振级标准值为 80dB（A）。

66. A 【解析】根据《土壤环境质量　农用地土壤污染风险管控标准（试行）》，农用地土壤污染风险管制值项目包括镉、汞、砷、铅、铬。

67. C 【解析】建设用地中，城市建设用地根据保护对象暴露情况的不同，可划分为以下两类。①第一类用地：包括 GB 50137 规定的城市建设用地中的居住用地（R），公共管理与公共服务用地中的中小学用地（A33）、医疗卫生用地（A5）和社会福利设施用地（A6），以及公园绿地（G1）中的社区公园或儿童公园用地等。②第二类用地：包括 GB 50137 规定的城市建设用地中的工业用地（M），物流仓储用地（W），商业服务业设施用地（B），道路与交通设施用地（S），公用设施用地（U），公共管理与公共服务用地（A）（A33、A5、A6 除外），以及绿地与广场用地（G）（G1 中的社区公园或儿童公园用地除外）等。

68. D 【解析】选项 D 错误，排入地表水中Ⅳ、Ⅴ类水域和排入海水中三类海域的污水，执行二级标准。

69. D 【解析】厂界环境噪声测量时段：分别在昼间、夜间两个时段测量。夜间有频发、偶发噪声影响时同时测量最大声级。被测声源是稳态噪声，采用 1min 的等效声级。被测声源是非稳态噪声，测量被测声源有代表性时段的等效声级，必要时测量被测声源整个正常工作时段的等效声级。

70. D 【解析】根据《建筑施工场界环境噪声排放标准》，建筑施工场界环境噪声排放限值为昼间 70dB（A）、夜间 55dB（A）。夜间噪声最大声级超过环境噪声限值的幅度不得高于 15dB（A）。

71. C 【解析】根据《社会生活环境噪声排放标准》，Ⅰ类声环境功能区环境噪声排放限值为昼间 55dB（A）。当社会生活噪声排放源边界与噪声敏感建筑物距离小于 1m 时，应在噪声敏感建筑物的室内测量，并按规定的限值减 10dB（A）作为评价依据。

72. A 【解析】《恶臭污染物排放标准》规定了本标准的适用范围、各功能区应执行的标准的级别、恶臭污染物厂界标准限值、恶臭污染物排放标准值以及有关恶臭污染物监测技术与方法等。标准中规定了氨（NH_3）、三甲胺［$(CH_3)_3N$］、硫化氢（H_2S）、甲硫醇（CH_3SH）、甲硫醚［$(CH_3)_2S$］、二甲二硫醚、二硫化碳、苯乙烯、臭气浓度等恶臭污染物的一次最大排放限值、复合恶臭物质的臭气浓度限值及无组织排放源的厂界浓度限值。

73. C 【解析】对于设备与管线组件 VOCs 泄漏控制，如发现下列情况之一，属于违法行为，依照法律法规等有关规定予以处理：①企业密封点数量超过 2 000 个（含），但未开展泄漏检测与修复工作的；②未按规定的频次、时间进行泄漏检测与修复的；③现场随机抽查，在检测不超过 100 个密封点的情况下，发现有 2 个以上（不含）不在修复期内的密封点出现可见泄漏现象或超过泄漏认定浓度的。

74. D 【解析】根据《锅炉大气污染物排放标准》，在烟囱排放口进行监控的污染物项目是烟气黑度。

75. C 【解析】《固体废物鉴别标准 通则》用以判断物质、物品是否属于固体废物，是否纳入《固体废物污染环境防治法》的管辖范围。该标准规定了四方面内容：①依据产生来源的固体废物鉴别准则；②在利用和处置过程中的固体废物鉴别准则；

③不作为固体废物管理的物质；④不作为液态废物管理的物质。该标准不适用于放射性废物的鉴别；不适用于固体废物的分类；也不适用于有专用固体废物鉴别标准的物质的固体废物鉴别。液态废物的鉴别适用于本标准。

76. B 【解析】环境治理和污染控制过程中产生的固体废物包括：①烟气和废气净化、除尘处理过程中收集的烟尘、粉尘，包括粉煤灰；②烟气脱硫产生的脱硫石膏和烟气脱硝产生的废脱硝催化剂；③煤气净化产生的煤焦油；④烟气净化过程中产生的副产硫酸或盐酸；⑤水净化和废水处理产生的污泥及其他废弃物质；⑥废水或废液（包括固体废物填埋场产生的渗滤液）处理产生的浓缩液；⑦化粪池污泥、厕所粪便；⑧固体废物焚烧炉产生的飞灰、底渣等灰渣；⑨堆肥生产过程中产生的残余物质；⑩绿化和园林管理中清理产生的植物枝叶；⑪河道、沟渠、湖泊、航道、浴场等水体环境中清理出的漂浮物和疏浚污泥；⑫烟气、臭气和废水净化过程中产生的废活性炭、过滤器滤膜等过滤介质；⑬在污染地块修复、处理过程中，采用填埋、焚烧、水泥窑协同处置，或者生产砖、瓦、筑路材料等其他建筑材料的方式处置或利用的污染土壤；⑭在其他环境治理和污染修复过程中产生的各类物质。

77. B 【解析】《生活垃圾焚烧污染控制标准》适用于生活垃圾焚烧厂的设计、环境影响评价、竣工验收以及运行过程中的污染控制及监督管理。掺加生活垃圾质量超过入炉（窑）物料总质量30%的工业窑炉以及生活污水处理设施产生的污泥、一般工业固体废物的专用焚烧炉的污染控制参照本标准执行。

78. D 【解析】在对危险废物填埋场场址进行环境影响评价时，应重点考虑危险废物填埋场渗滤液可能产生的风险、填埋场结构及防渗层长期安全性及其由此造成的渗漏风险等因素，根据其所在地区的环境功能区类别，结合该地区的长期发展规划和填埋场设计寿命期，重点评价其对周围地下水环境、居住人群的身体健康、日常生活和生产活动的长期影响，确定其与常住居民居住场所、农用地、地表水体以及其他敏感对象之间合理的位置关系。

79. B 【解析】填埋场场址不得选在以下区域：破坏性地震及活动构造区；海啸及涌浪影响区；湿地；地应力高度集中，地面抬升或沉降速率快的地区；石灰溶洞发育带；废弃矿区、塌陷区；崩塌、岩堆、滑坡区；山洪、泥石流影响地区；活动沙丘区；尚未稳定的冲积扇、冲沟地区及其他可能危及填埋场安全的区域。

80. D 【解析】进入Ⅰ类场的一般工业固体废物应同时满足以下要求：①第Ⅰ类一般工业固体废物（包括第Ⅱ类一般工业固体废物经处理后属于第Ⅰ类一般工业固体废物的）；②有机质含量小于2%（煤矸石除外），测定方法按照《固体废物有机质的测定　燃烧减量法》（HJ 761）进行；③水溶性盐总量小于2%，测定方法按照《土壤检测　第16部分：土壤水溶性盐总量的测定》（NY/T 1121.16）进行。

二、不定项选择题

81. ABCD【解析】根据《生态环境标准管理办法》，生态环境标准分为国家生态环境标准和地方生态环境标准。国家生态环境标准包括国家生态环境质量标准、国家生态环境风险管控标准、国家污染物排放标准、国家生态环境监测标准、国家生态环境基础标准和国家生态环境管理技术规范。国家生态环境标准在全国范围或者标准指定区域范围执行。

82. CD 【解析】建设项目有多个建设方案、涉及环境敏感区或环境影响显著时，应重点从环境制约因素、环境影响程度等方面进行建设方案环境比选。

83. ABD 【解析】一级评价项目按《排污单位自行监测技术指南 总则》的要求，提出项目在生产运行阶段的污染源监测计划和环境质量监测计划。环境质量监测计划筛选按要求计算的项目排放污染物 $P_i \geqslant 1\%$的其他污染物作为环境质量监测因子。

84. ACD 【解析】不达标区域的建设项目环境影响评价，当同时满足以下条件时，则认为环境影响可以接受：①达标规划未包含的新增污染源建设项目，需另有替代源的削减方案。②新增污染源正常排放下污染物短期浓度贡献值的最大值占标率≤100%。③新增污染源正常排放下污染物年均浓度贡献值的最大浓度占标率≤30%(其中一类区≤10%)。④项目环境影响符合环境功能区划或满足区域环境质量改善目标。现状浓度超标的污染物评价，叠加达标年目标浓度、区域削减污染源以及在建、拟建项目的环境影响后，污染物的保证率日平均质量浓度和年平均质量浓度均符合环境质量标准或满足达标规划确定的区域环境质量改善目标，或按区域环境质量变化评价计算的预测范围内年平均质量浓度变化率 $k \leqslant -20\%$；对于现状达标的污染物评价，叠加后污染物浓度符合环境质量标准；对于项目排放的主要污染物仅有短期浓度限值的，叠加后的短期浓度符合环境质量标准。

85. CD 【解析】水文要素影响型建设项目影响范围涉及饮用水水源保护区、重点保护与珍稀水生生物的栖息地、重要水生生物的自然产卵场、自然保护区等保护目标，评价等级应不低于二级。跨流域调水、引水式电站、可能受到大型河流感潮河段影响的建设项目，评价等级不低于二级。

86. D 【解析】直接排放建设项目污染源排放量核算应在满足地表水环境影响评价要求的基础上，遵循以下原则要求：①污染源排放量的核算水体为有水环境功能要求的水体。②建设项目排放的污染物属于现状水质不达标的，包括本项目在内的区（流）域污染源排放量应调减至满足区（流）域水环境质量改善目标要求。③当受纳水体为河流时，在不受回水影响的河段，建设项目污染源排放量核算断面位于排放口下游，与排放口的距离应小于 2km；在受回水影响的河段，应在排放口的上下游设置建设项目污染源排放量核算断面，与排放口的距离应小于 1km。建设项目污染源排放量核算断面应根据区间水环境保护目标位置、水环境功能区或水功能区及控制单元断面等情况调整。当排放口污染物进入受纳水体在断面混合不均匀时，应以污染源排放量核算断面污染物最大浓度作为评价依据。④遵循地表水环境质量底线要求，主要污染物（化学需氧量、氨氮、总磷、总氮）需预留必要的安全余量。

87. BCD 【解析】地下水环境保护措施与对策基本要求：①地下水环境保护措施与对策应符合《中华人民共和国水污染防治法》和《中华人民共和国环境影响评价法》的相关规定，按照“源头控制、分区防控、污染监控、应急响应”且重点突出饮用水水质安全的原则确定；②根据建设项目特点、调查评价区和场地环境水文地质条件，在建设项目可行性研究提出的污染防控对策的基础上，根据环境影响预测与评价结果，提出需要增加或完善的地下水环境保护措施和对策；③改、扩建项目应针对现有工程引起的地下水污染问题，提出“以新带老”措施，有效减轻污染程度或控制污染范围，防止地下水污染加剧；④给出各项地下水环境保护措施与对策的实施效果，初步估算各措施的投资概算，列表给出并分析其技术、经济可行性；⑤提出合理、可行、操作性强的地下水污染防控的环境管理体系，包括地下水环境跟踪监测方案和定期信息公开等。

88. AD 【解析】声环境影响预测点的布置原则：建设项目厂界（或场界、边界）和评价范围内的敏感目标应作为预测点。

89. CD 【解析】选项 A 错误，评价范围内存在声环境保护目标时，工业企业建设项目噪声防治措施应根据建设项目投产后厂界噪声影响最大噪声贡献值以及声环境保护目标超标情况制定。选项 B 错误，交通运输类建设项目（如公路、城市道路、铁路、城市轨道交通、机场项目等）的噪声防治措施应针对建设项目代表性评价水平年的噪声影响预测值进行制定。

90. AD 【解析】生态影响型建设项目土壤污染防控措施：涉及酸化、碱化影响的可采取相应措施调节土壤 pH 值，以减轻土壤酸化、碱化的程度；涉及盐化影响的，可采取排水排盐或降低地下水位等措施，以减轻土壤盐化的程度。

91. BCD 【解析】生态现状评价内容：①在阐明生态系统现状的基础上，分析影响区域内生态系统状况的主要原因。评价生态系统的结构与功能状况（如水源涵养、防风固沙、生物多样性保护等主导生态功能）、生态系统面临的压力和存在的问题、生态系统的总体变化趋势等。②分析和评价受影响区域内动、植物等生态因子的现状组成、分布；当评价区域涉及受保护的敏感物种时，应重点分析该敏感物种的生态学特征；当评价区域涉及特殊生态敏感区或重要生态敏感区时，应分析其生态现状、保护现状和存在的问题等。(该知识点已修改，可略过学习)

92. ABCD 【解析】环境风险防范措施：①大气环境风险防范措施。结合风险源状况明确环境风险的防范、减缓措施，提出环境风险监控要求，并结合环境风险预测分析结果、区域交通道路和安置场所位置等，提出事故状态下人员的疏散通道及安置等应急建议。②事故废水环境风险防范措施。明确“单元—厂区—园区/区域”的环境风险防控体系要求，设置事故废水收集（尽可能以非动力自流方式）和应急储存设施，以满足事故状态下收集泄漏物料、污染消防水和污染雨水的需要，明确并图示防止事故废水进入外环境的控制、封堵系统。③地下水环境风险防范措施。重点采取源头控制和分区防渗措施，加强地下水环境的监控、预警，提出事故应急减缓措施。④其他风险防范措施。a. 针对主要风险源，提出设立风险监控及应急监测系统，实现事故预警和快速应急监测、跟踪，提出应急物资、人员等的管理要求。b. 对于改建、扩建和技术改造项目，应分析依托企业现有环境风险防范措施的有效性，提出完善意见和建议。c. 环境风险防范措施应纳入环保投资和建设项目竣工环境保护验收内容。d. 考虑事故触发具有不确定性，厂内环境风险防控系统应纳入园区/区域环境风险防控体系，明确风险防控设施、管理的衔接要求。极端事故风险防控及应急处置应结合所在园区/区域环境风险防控体系统筹考虑，按分级响应要求及时启动园区/区域环境风险防范措施，实现厂内与园区/区域环境风险防控设施及管理有效联动，有效防控环境风险。

93. ABD 【解析】环境影响预测与评价应给出规划实施对评价区域资源、生态、环境的影响程度和范围，叠加环境质量、生态功能和资源利用现状，分析规划实施后能否满足环境目标要求，评估区域资源与环境承载能力。

94. AB 【解析】依据我国地下水质量状况和人体健康风险，参照生活饮用水、工业、农业等用水质量要求，依据各组分含量高低（pH 除外），分为五类。Ⅰ类：地下水化学组分含量低，适用于各种用途；Ⅱ类：地下水化学组分含量较低，适用于各种用途；Ⅲ类：地下水化学组分含量中等，以《生活饮用水卫生标准》（GB 5749）为依据，主要适用于集中式生活饮用水水源及工农业用水；Ⅳ类：地下水化学组分含量较高，以农业和工业用水质量要求以及一定水平的人体健康风险为依据，适用于农业和部分工业用水，适当处理后可作生活饮用水；Ⅴ类：地下水化学组分含量高，不宜作为生活饮用水水源，其他用水可根据使用目的选用。

95. ACD 【解析】选项 A 正确，建设用地土壤中污染物含量等于或者低于风险筛选值的，建设用地土壤污染风险一般情况下可以忽略。选项 B 错误，通过初步调查确定建设用地土壤中污染物含量高于风险筛选值，应当依据 HJ 25.1、HJ 25.2 等标准及相关技术要求，开展详细调查。选项 C 正确，通过详细调查确定建设用地土壤中污染物含量等于或者低于风险管制值，应当依据 HJ 25.3 等标准及相关技术要求，开展风险评估，确定风险水平，判断是否需要采取风险管控或修复措施。选项 D 正确，通过详细调查确定建设用地土壤中污染物含量高于风险管制值，对人体健康通常存在不可接受风险，应当采取风险管控或修复措施。

96. BCD 【解析】《大气污染物综合排放标准》规定了 33 种大气污染物的排放限值，设置了三项指标：①通过排气筒排放废气的最高允许排放浓度。②通过排气筒排放的废气，按排气筒高度规定的最高允许排放速率。任何一个排气筒必须同时遵守上述两项指标，超过其中任何一项均为超标排放。③以无组织方式排放的废气，规定无组织排放的监控点及相应的监控浓度限值。

97. ACD 【解析】《工业企业厂界环境噪声排放标准》规定了工业企业和固定设备厂界环境噪声排放限值及其测量方法。该标准适用于工业企业噪声排放的管理、评价及控制。机关、事业单位、团体等对外环境排放噪声的单位也按本标准执行。《社会生活环境噪声排放标准》适用于对营业性文化娱乐场所、商业经营活动中使用的向环境排放噪声的设备、设施的管理、评价与控制。

98. BD 【解析】在表征 VOCs 总体排放情况时，根据行业特征和环境管理要求，可采用总挥发性有机物（以 TVOC 表示）、非甲烷总烃（以 NMHC 表示）作为污染物控制项目。

99. ABC 【解析】下列废物不得在生活垃圾填埋场中填埋处置：①除符合下列规定的生活垃圾焚烧飞灰以外的危险废物：生活垃圾焚烧飞灰和医疗废物焚烧残渣（包括飞灰、底渣）经处理后满足条件，可以进入生活垃圾填埋场填埋处置；②未经处理的餐饮废物；③未经处理的粪便；④禽畜养殖废物；⑤电子废物及其处理处置残余物；⑥除本填埋场产生的渗滤液之外的任何液态废物和废水。国家生态环境标准另有规定的除外。

100. ACD 【解析】根据《危险废物填埋污染控制标准》，下列废物不得填埋：①医疗废物；②与衬层具有不相容性反应的废物；③液态废物。

环球书业
Huanqiushuye

全新版

全国环境影响评价工程师职业资格考试辅导用书

历年真题及押题模拟试卷
环境影响评价
技术导则与标准

环境影响评价工程师考试研究组　编

免费兑换　备考课程

押题模拟试卷分册

押题模拟试卷（一）~（四）

北京理工大学出版社
BEIJING INSTITUTE OF TECHNOLOGY PRESS

前言

环境影响评价工程师职业资格考试由中华人民共和国环境保护部、人力资源和社会保障部共同组织实施。根据规定，应试者必须通过考试才可以取得环境影响评价工程师合格证书。环境影响评价工程师职业资格考试自2005年起每年举行一次，考试共设4个科目：《环境影响评价相关法律法规》《环境影响评价技术导则与标准》《环境影响评价技术方法》和《环境影响评价案例分析》。其中，前3科为客观题，《环境影响评价案例分析》为主观题。

为方便广大考生更加高效地复习备考，环境影响评价工程师考试研究组在总结和分析历年真题的基础上，按照新《全国环境影响评价工程师职业资格考试大纲》的要求，精心组织编写了本套《环境影响评价案例分析历年真题及押题模拟试卷》。

本套考试辅导用书具有如下特点：

历年真题 收录最近几年的全国环境影响评价工程师职业资格考试真题。通过做真题试卷，考生可以掌握各科目所考查的重难点、高频考点及热点，更深刻地理解考试大纲的要求，把握命题规律，从而达到事半功倍的复习效果。

押题模拟试卷 在深入剖析历年真题的基础上，研究组专家从现实中寻找考试热点，精心编写了环境影响评价工程师职业资格考试押题模拟试卷。试卷涵盖了近几年考试的高频考点及热点，预测了新考试大纲的命题趋势，为考生指明了备考方向，从而保证了考生复习的针对性与高效性。

参考答案及解析 研究组专家对每套试题均配有详尽的答案解析，为考生提供了清晰的答题思路，使考生在复习中达到举一反三的效果，从而轻松高效地备考。

本套考试辅导用书集权威性与时效性、针对性与实用性于一体，不仅充分展现了全国环境影响评价工程师职业资格考试独有的特色，而且对考生应试能力的快速提高也有很大的帮助与促进作用。

虽然编者一再精益求精，但由于水平和时间有限，书中难免存在疏漏与不足之处，敬请广大考生和读者斧正。最后，衷心地祝愿广大考生能够取得优异的成绩，顺利过关！

环境影响评价工程师考试研究组

押题模拟试卷（一）

一、单项选择题（共80题，每题1分。每题的备选项中，只有1个最符合题意）

1. 下列关于生态环境标准作用的说法，错误的是（　　）。

A. 生态环境标准是地方环境保护法规的重要组成部分

B. 生态环境标准是推动环境保护科技进步的动力

C. 生态环境标准是进行环境影响评价的准绳

D. 生态环境标准具有投资导向作用

2. 根据《建设项目环境影响评价技术导则　总纲》，环境影响因素识别是列出建设项目的直接和间接行为，结合建设项目所在区域（　　），分析可能受上述行为影响的环境影响因素。

A. 土地利用规划、环境保护规划、环境功能区划、生态功能区划及环境现状

B. 发展规划、环境保护规划、环境功能区划、生态功能区划及环境现状

C. 国土利用规划、环境保护规划、环境功能区划、生态功能区划

D. 发展规划、环境保护规划、环境功能区划、生态功能区划

3. 根据《建设项目环境影响评价技术导则　总纲》，根据评价范围（　　），确定各评价因子所采用的环境质量标准及相应的污染物排放标准。

A. 各环境要素的历史特点

B. 各环境要素的现状特点

C. 各环境要素的环境功能区划

D. 各环境要素所影响程度

4. 根据《建设项目环境影响评价技术导则　总纲》，下列不属于环境影响评价原则的是（　　）。

A. 依法评价　　B. 科学评价

C. 突出重点　　D. 突出源头

5. 根据《建设项目环境影响评价技术导则　总纲》，建设项目在进行环境影响预测和评价时，须考虑环境质量背景与环境影响评价范围内（　　）同类污染物环境影响的叠加。

A. 拟建项目

B. 已建项目

C. 改扩建项目

D. 在建项目

6. 根据《建设项目环境影响评价技术导则　总纲》，预测和评价的因子不应包括反映建设项目特点的是（　　）。

A. 常规污染因子

B. 特征污染因子

C. 监测因子

D. 生态因子

7. 根据《环境影响评价技术导则　大气环境》，大气环境三级评价工作分级判据的条件是（　　）。

A. P_{max}<10%且$D_{10\%}$<污染源距厂界最近距离

B. P_{max}<10%或$D_{10\%}$≤污染源距厂界最近距离

C. P_{max}<1%

D. P_{max}≤10%或$D_{10\%}$<污染源距厂界最近距离

8. 根据《环境影响评价技术导则　大气环境》，某项目大气污染源距离厂界最近距离为500m，采用估算模式计算各污染物的最大影响程度为20%，最远影响距离为800m，该项目大气环境评价应为（　　）。

A. 一级　　B. 二级

C. 三级　　D. 二级或三级

9. 根据《环境影响评价技术导则　大气环境》，对于建成后全厂的主要污染物排放总量都有明显减少的改、扩建项目，评价等级（　　）。

A. 可低于一级

B. 为三级

C. 不低于二级

D. 不高于二级

10. 根据《环境影响评价技术导则　大气环境》，厂界外预测网格分辨率不应超过（　　）m。

A. 50

B. 100

C. 150

D. 200

11. 根据《环境影响评价技术导则　大气环境》，污染源从排放形式上可分为（　　）。

A. 2类

B. 3类

C. 4类

D. 5类

12. 根据《环境影响评价技术导则　大气环境》，高空气象资料应获取最少（　　）站点的测量或模拟气象数据。

A. 1个

B. 2个

C. 3个

D. 4个

13. 根据《环境影响评价技术导则　大气环境》，编制环境影响报告书的项目在采用估算模型计算评价等级时，应输入（　　）。

A. 地形参数

B. 地表参数

C. 排放参数

D. 污染源参数

14. 根据《环境影响评价技术导则　大气环境》，同一项目有多个污染源时，则按各污染源分别确定评价等级，并取（　　）作为项目的评价等级。

A. 评价等级最低者

B. 评价等级平均者

C. 评价等级权重者

D. 评价等级最高者

15. 根据《环境影响评价技术导则　地表水环境》，若评价时间不够，河流一级评价至少应调查（　　）。

A. 平水期和枯水期　　B. 丰水期和枯水期

C. 丰水期和平水期　　D. 丰水期

16. 根据《环境影响评价技术导则　地表水环境》，一般情况下，海湾三级评价应调查评价工作期间的（　　）。

A. 大潮期或小潮期　　B. 小潮期

C. 大潮期　　D. 枯水期

17. 根据《环境影响评价技术导则　地表水环境》，某河多年平均流量为 $13m^3/s$，河流断面形状为矩形，河宽 12m，在取样断面上应设（　　）取样垂线。

A. 1 条　　B. 2 条

C. 3 条　　D. 4 条

18. 根据《环境影响评价技术导则　地表水环境》，某大型湖泊，平均水深为 15m，则应在水面下 0.5m 及（　　）以下，距底 0.5m 以上处各取 1 个水样。

A. 逆温层　　B. 0℃等温层

C. 斜温层　　D. 5℃等温层

19. 根据《环境影响评价技术导则　地表水环境》，某评价河段的断面宽深比为 25，最大弯曲系数 0.8，该河段可简化为（　　）。

A. 矩形弯曲河流　　B. 矩形平直河流

C. 非矩形平直河流　　D. 非矩形弯曲河流

20. 某项目地表水环境影响评价等级为一级，污水排入附近大河，距排污口下游 4km 有集中饮用水源。根据《环境影响评价技术导则　地表水环境》，预测该项目混合过程段的水质最低应选用（　　）模式。

A. 零维　　B. 一维

C. 二维　　D. 三维

21. 根据《环境影响评价技术导则　地下水环境》，地下水环境评价中，排放规律可简化为（　　）排放。

A. 连续恒定　　B. 不连续恒定

C. 连续不恒定　　D. 不连续不恒定

22. 地下水环境影响评价中，根据建设项目对地下水环境影响的特征，将建设项目分为三类。根据《环境影响评价技术导则　地下水环境》，某一建设项目属于Ⅱ类建设项目，则其环境影响评价工作等级的划分依据不包括（　　）。

A. 该建设项目对地下水环境的影响类型

B. 该建设项目所处区域的环境特征

C. 该建设项目对环境的影响程度

D. 该建设项目的规模

23. 根据《环境影响评价技术导则　地下水环境》，地下水二级评价项目，需掌握评价区评价期内至少一个连续水文年的（　　）的地下水动态变化特征。

A. 枯、平水期　　B. 平、丰水期

C. 枯、平、丰水期　　D. 枯、丰水期

24. 根据《环境影响评价技术导则　地下水环境》，地下水污染源调查因子应根据（　　）选定。

A. 所在地区的环境特征　　B. 拟建项目的污染特征

C. 环境功能区　　D. 相关法律法规、标准

25. 根据《环境影响评价技术导则　地下水环境》，Ⅱ类建设项目应重点依据（　　），评价地下水水位（水头）降低或升高诱发的环境水文地质问题的影响程度和范围。

A. 地下水水质变化

B. 地下水流场变化

C. 地下水水量变化

D. 地下水水位变化

26. 根据《环境影响评价技术导则　声环境》，同一敏感点既受到固定声源影响，又受到流动声源影响时，应（　　）。

A. 进行固定声源环境影响评价

B. 进行流动声源环境影响评价

C. 分别进行噪声环境影响评价

D. 进行叠加环境影响评价

27. 根据《环境影响评价技术导则　声环境》，运行期声源为流动声源时，应将（　　）作为环境影响评价时段。

A. 工程预测的代表性时段

B. 工程预测的运行近期时段

C. 工程预测的运行中期时段

D. 工程预测的运行远期时段

28. 根据《环境影响评价技术导则　声环境》，对于工业噪声，一般以（　　）为评价量。

A. 等效连续 A 声级

B. A 声级

C. 声功率级

D. A 计权声功率级

29. 根据《环境影响评价技术导则　声环境》，某改建的中型建设项目，其所在声环境功能区是居住、商业、工业混杂区，此建设项目声环境影响应按（　　）进行工作。

A. 一级评价　　B. 二级评价

C. 三级评价　　D. 二级或三级评价

30. 根据《环境影响评价技术导则　声环境》，评价范围内具有代表性的敏感目标的声环境质量现状需要实测，是（　　）评价的基本要求。

A. 一级　　B. 二级

C. 一级和二级　　D. 三级

31. 根据《环境影响评价技术导则　声环境》，某建设项目所处的声环境功能区为 1 类区，项目建设前后评价范围内敏感目标噪声级增高量为 2dB（A），此建设项目声环境评价应按（　　）开展工作。

A. 一级评价

B. 二级评价

C. 一级或二级评价

D. 三级评价

32. 根据《环境影响评价技术导则　声环境》，声环境评价等级为一级，在缺少声源源强的相关资料时，应通过（　　）取得，并给出相应的条件。

A. 类比分析

B. 类比测量

C. 系统分析

D. 引用已有的数据

33. 根据《环境影响评价技术导则　声环境》，在噪声超标原因分析时，对于通过城镇建成区和规划区的路段，还应分析（　　）是否符合城市规划部门提出的防噪声距离。

A. 建设项目与敏感目标间的距离

B. 建设项目与交通线路的距离

C. 建设项目与工业区的距离

D. 建设项目与商业建筑的距离

34. 某拟建工程的建设会影响到世界自然遗产地，工程占地仅为 0.8km^2，据《环境影响评价技术导则　生态影响》，此工程的生态影响工作等级为（　　）。

A. 一级　　B. 二级

C. 三级　　D. 四级

35. 某拟建水库占地面积 $2km^2$，影响区域涉及部分原始天然林，据《环境影响评价技术导则　生态影响》，此工程的生态影响工作等级为（　　）。

A. 一级　　B. 二级

C. 三级　　D. 四级

36. 根据《环境影响评价技术导则　生态影响》，工程分析时段应涵盖工程全过程，以（　　）为调查分析的重点。

A. 勘察期和施工期

B. 施工期和运营期

C. 运营期和退役期

D. 勘察期和运营期

37. 根据《环境影响评价技术导则　生态影响》，生态现状调查时，在（　　），应做专题调查。

A. 项目投资额较大时

B. 项目评价范围较大时

C. 有敏感生态保护目标时

D. 项目评价等级大于二级以上时

38. 根据《环境影响评价技术导则　生态影响》，对影响区域生态敏感性的调查，如涉及（　　）应逐个说明其类型、等级、分布、保护对象、功能区划、保护要求等。

A. 特殊生态敏感区和重要生态敏感区

B. 特殊生态敏感区

C. 重要生态敏感区

D. 居住区和文教、行政办公卫生区

39. 根据《环境影响评价技术导则　生态影响》，（　　）是指根据建设项目的特点和受其影响的动、植物的生物学特征，依照生态学原理分析、预测工程生态影响的方法。

A. 列表清单法

B. 图形叠置法

C. 生态机理分析法

D. 景观生态学法

40. 根据《环境影响评价技术导则　生态影响》，凡涉及不可替代、极具价值、极敏感、被破坏后很难恢复的敏感生态保护目标（如特殊生态敏感区、珍稀濒危物种）时，必须提出可靠的（　　）措施或生境替代方案。

A. 修复　　B. 补偿

C. 避让　　D. 重建

41. 根据《规划环境影响评价技术导则　总纲》，环境敏感区不包括（　　）。

A. 风景名胜区　　B. 农田

C. 天然渔场　　D. 学校

42. 根据《规划环境影响评价技术导则　总纲》，关于评价范围的说法，错误的是（　　）。

A. 按照规划实施的时间维度和可能影响的空间尺度来界定评价范围

B. 时间维度上，应包括整个规划期，并根据规划方案的内容、年限等选择评价的重点时段

C. 空间尺度上，应包括规划空间范围以及可能受到规划实施影响的周边区域

D. 周边区域确定考虑各环境要素评价范围即可

43. 根据《规划环境影响评价技术导则　产业园区》，评价总体原则不包括（　　）。

A. 分类指导　　B. 全程互动

C. 突出重点　　D. 统筹协调

44. 根据《规划环境影响评价技术导则　产业园区》，下列规划分析中，属于规划协调性分析的是（　　）。

A. 规划总体安排　　B. 基础设施建设

C. 产业发展　　D. 与“三线一单”的符合性

45. 根据《建设项目环境风险评价技术导则》，一级环境风险评价的完整工作内容是（　　）。

A. 对事故影响说明影响范围和程度，提出应急措施

B. 对事故影响说明影响范围和程度，制定应急措施

C. 定量预测，提出防范措施，制定应急预案

D. 定量预测，说明影响范围和程度，提出防范、减缓和应急措施

46. 根据《建设项目环境风险评价技术导则》，环境风险评价工作程序的第一步骤是（　　）。

A. 源项分析　　B. 后果计算

C. 风险识别　　D. 风险评价

47. 根据《建设项目竣工环境保护验收技术规范　生态影响类》，以下不属于公路建设工程验收调查的重点是（　　）。

A. 核实实际工程内容变更情况

B. 环境保护制度执行情况

C. 汽车尾气对公路收费人员身体健康的危害

D. 工程环保投资情况

48. 根据《建设项目竣工环境保护验收技术规范　生态影响类》，生态影响类项目环保竣工验收调查时，原则上采用建设项目（　　）经环境保护部门确认的环境保护标准与环境保护设施工艺指标进行验收。

A. 环境影响评价阶段　　B. 初步设计阶段

C. 可研阶段　　D. 修订新颁布的环境保护标准

49. 根据《建设项目竣工环境保护验收技术规范　生态影响类》，生态影响调查的现场勘察时，勘察区域与勘察对象应基本能覆盖建设项目所涉及区域的（　　）以上。

A. 90%　　B. 80%

C. 70%　　D. 60%

50. 下列属于专题环境影响评价技术导则的是（　　）。

A. 建设项目环境风险评价技术导则

B. 火电建设项目环境影响评价技术导则

C. 水利水电工程环境影响评价技术导则

D. 机场建设工程环境影响评价技术导则

51. 根据《环境空气质量标准》，下列二级标准的污染物浓度限值错误的是（　　）。

A. SO_2 1h 平均浓度限值为 500μg/m^3　B. PM_{10} 24h 平均浓度限值为 100μg/m^3

C. $PM_{2.5}$ 24h 平均浓度限值为 75μg/m^3　D. NO_2 1h 平均浓度限值为 200μg/m^3

52. 根据《大气污染物综合排放标准》，工业生产尾气确需燃烧排放的，其烟气黑度不得超过林格曼（　　）。

A. 1 级　B. 2 级

C. 3 级　D. 4 级

53. 根据《地表水环境质量标准》，在集中式生活饮用水地表水源地二级保护区内，关于排污口的建设，下列表述正确的是（　　）。

A. 禁止新建排污口

B. 已在保护区内的企业可新建排污口

C. 能够达标排放的废水可新建排污口

D. 经当地政府批准后可新建排污口

54. 现行的《地表水环境质量标准》中，总氮的监测分析方法是（　　）。

A. 电化学探头法

B. 稀释与接种法

C. 钼酸铵分光光度法

D. 碱性过硫酸钾消解紫外分光光度法

55. 根据《污水综合排放标准》，为判定下列污染物是否达标，可在排污单位总排放口采样的是（　　）。

A. 苯并[a]芘　B. 六价铬

C. 总铜　D. 总镉

56. 根据《污水综合排放标准》，污水排放企业排放的总铬和六价铬最高允许排放浓度是（　　）。

A. 0.5mg/L 和 1.0mg/L　B. 1.5mg/L 和 0.5mg/L

C. 1.5mg/L 和 1.0mg/L　D. 0.5mg/L 和 0.5mg/L

57. 根据《地下水质量标准》，以人体健康基准值为依据确定的地下水质量类别是（　　）。

A. Ⅰ类　B. Ⅱ类

C. Ⅲ类　D. Ⅳ类

58. 根据《声环境质量标准》，以商业金融为主的区域执行的环境噪声昼夜标准值分别是（　　）。

A. 50dB（A）、35dB（A）　B. 50dB（A）、40dB（A）

C. 50dB（A）、45dB（A）　　D. 60dB（A）、50dB（A）

59. 根据《城市区域环境振动标准》，每日发生几次的冲击振动，其最大值昼间不允许超过标准值（　　），夜间不超过（　　）。

A. 5dB、3dB　　B. 15dB、10dB

C. 10dB、3dB　　D. 15dB、5dB

60. 根据《工业企业厂界环境噪声排放标准》，1类声环境功能区执行厂界环境噪声昼夜排放限值分别是（　　）。

A. 50dB（A）、40dB（A）　　B. 65dB（A）、55dB（A）

C. 55dB（A）、45dB（A）　　D. 60dB（A）、50dB（A）

61. 根据《建筑施工场界环境噪声排放标准》，建筑施工场界环境噪声排放限值是（　　）。

A. 昼间≤70dB（A），夜间≤50dB（A）

B. 昼间≤70dB（A），夜间≤55dB（A）

C. 昼间≤60dB（A），夜间≤50dB（A）

D. 昼间≤65dB（A），夜间≤55dB（A）

62. 根据《社会生活环境噪声排放标准》，某一小型娱乐场所拟建在乡村集镇内，环境影响评价时，则该娱乐场所执行的昼夜噪声排放限值分别是（　　）。

A. 55dB（A）、45dB（A）　　B. 60dB（A）、50dB（A）

C. 70dB（A）、60dB（A）　　D. 70dB（A）、55dB（A）

63. 根据《土壤环境质量标准》，土壤环境质量分类中，Ⅰ类土壤主要适用于（　　）。

A. 果园　　B. 林地

C. 集中式生活饮用水源地　　D. 蔬菜地

64. 下列关于土壤环境质量标准分级的说法，错误的是（　　）。

A. 土壤环境质量标准分为三级

B. 一级标准是保护区域自然生态，维护自然背景的土壤环境质量的限制值，Ⅰ类土壤环境质量执行一级标准

C. 二级标准是保障农林生产和植物正常生长的土壤临界值，Ⅱ类土壤环境质量执行二级标准

D. 某铁矿附近的农田土壤质量执行三级标准

65. 根据《锅炉大气污染物排放标准》，新建成使用（含扩建、改造）单台容量（　　）的锅炉，必须安装固定的连续监测烟气中烟尘、SO_2排放浓度的仪器。

A. ≥30t/h　　B. ≥20t/h

C. ＞20t/h　　D. ＞30t/h

66. 下列关于跨行业综合性污染物排放标准与行业污染物排放标准的说法，错误的是（　　）。

A. 有行业性排放标准的执行行业排放标准

B.《锅炉大气污染物排放标准》属专项排放标准

C. 没有行业排放标准的执行综合排放标准

D. 综合性排放标准与行业性排放标准有时可交叉执行

67.《生活垃圾填埋场污染控制标准》除适用于生活垃圾填埋场建设、运行和封场后的维护与管理外，其部分规定也适用于（　　）的建设、运行。

A. 与生活垃圾填埋场配套建设的生活垃圾转运站

B. 与生活垃圾填埋场配套建设的污水处理厂

C. 生活垃圾焚烧场

D. 生活垃圾堆积场

68. 根据《生活垃圾填埋场污染控制标准》，当生活垃圾填埋场通过导气管道直接排放填埋气体时，导气管排放口的甲烷的体积百分比应（　　）。

A. 不大于 20%　　B. 不大于 15%

C. 不大于 10%　　D. 不大于 5%

69. 根据《生活垃圾填埋场污染控制标准》，生活垃圾填埋场场址选择应避开的区域不包括（　　）。

A. 活动中的坍塌、滑坡和隆起地带　　B. 石灰岩溶洞发育带

C. 活动沙丘区　　D. 稳定的冲积扇及冲沟地区

70. 下列关于《生活垃圾填埋场污染控制标准》适用范围的说法，不正确的是（　　）。

A. 本标准适用于生活垃圾填埋场建设、运行的维护与管理过程中的污染控制和监督管理

B. 本标准的部分规定也适用于与生活垃圾填埋场配套建设的生活垃圾转运站的建设、运行

C. 本标准适用于工业固体废物处置场所的维护与管理过程中的污染控制和监督管理

D. 本标准适用于生活垃圾填埋场封场后的维护与管理过程中的污染控制和监督管理

71. 根据《生活垃圾填埋场污染控制标准》，下列废物不得在生活垃圾填埋场填埋处置的是（　　）。

A. 未经处理的餐饮废物

B. 生活垃圾堆肥处理产生的固态残余物

C. 生活垃圾焚烧炉渣（不包括焚烧飞灰）

D. 环境卫生机构收集的混合生活垃圾

72. 根据《生活垃圾填埋场污染控制标准》，一般情况，下列不属于生活垃圾填埋场渗滤液排放控制项目的是（　　）。

A. DO　　B. SS　　C. COD　　D. BOD_5

73. 根据《危险废物贮存污染控制标准》，下列关于危险废物贮存设施（仓库式）设计原则的说法，错误的是（　　）。

A. 地面与裙脚要用坚固、防渗的材料制造，建筑材料必须与危险废物兼容

B. 设施内要有安全照明设施和观察窗口

C. 用以存放装载液体、半固体危险废物容器的地方，必须有耐腐蚀的硬化地面，且表面无缝隙

D. 应设计堵截泄漏的裙脚，地面与裙脚所围建的容积不低于堵截最大容器的最大储量或总储量的 1/3

74. 根据《危险废物贮存污染控制标准》，危险废物贮存设施的场界应位于居民区（　　）以外，地表水域 150m 以外。

A. 800m　　B. 600m

C. 500m　　D. 1 000m

75. 根据《危险废物贮存污染控制标准》，危险废物贮存设施应选在地质结构稳定，地震烈度不超过（　　）的区域内。

A. 6 度　　B. 7 度

C. 8 度　　D. 9 度

76. 根据《危险废物填埋污染控制标准》，下列关于危险废物填埋场场址选择要求的说法，正确的是（　　）。

A. 填埋场场址的选择应符合国家及地方城乡建设总体规划要求，场址应处于一个相对稳定的区域，不会因自然或人为的因素而受到破坏

B. 填埋场距飞机场、军事基地的距离应在 2 000m 以上

C. 填埋场场址的选择应进行环境影响评价，并经当地人民政府批准

D. 填埋场场界应位于居民区 500m 以外，并保证在当地气象条件下对附近居民区大气环境不产生影响

77. 《危险废物焚烧污染控制标准》适用于除易爆和（　　）以外的危险废物焚烧设施的设计、环境影响评价、竣工验收以及运行过程中的污染控制管理。

A. 易泄漏　　B. 易燃

C. 有剧毒　　D. 具有放射性

78. 根据《危险废物焚烧污染控制标准》，新建集中式危险废物焚烧厂焚烧炉排气筒周围半径 200m 内有建筑物时，排气筒高度必须高出最高建筑物（　　）以上。

A. 5m　　B. 6m

C. 8m　　D. 10m

79. 根据《一般工业固体废物贮存和填埋污染控制标准》，一般工业固体废物贮存场、处置场分为（　　）。

A. Ⅰ级场和Ⅱ级场

B. Ⅰ类场和Ⅱ类场

C. 1 类场和 2 类场

D. Ⅰ类场、Ⅱ类场和Ⅲ类场

80. 根据《一般工业固体废物贮存和填埋污染控制标准》，当Ⅰ类场天然基础层饱和渗透系数不大于（　　），且厚度不小于 0.75m 时，可以采用天然基础层作为防渗衬层。

A. 1×10^{-5}cm/s　　B. 1×10^{-7}cm/s

C. 1×10^{-9}cm/s　　D. 1×10^{-11}cm/s

二、不定项选择题（共20题，每题2分。每题的备选项中，至少有1个符合题意。多选、错选、少选均不得分）

81. 下列有权制定地方环境质量标准的机构有（　　）。

A. 自治区人民政府　　B. 自治州人民政府

C. 省人民政府　　D. 直辖市人民政府

82. 根据《建设项目环境影响评价技术导则　总纲》，环境影响报告书编制要求中的附录和附件包括（　　）。

A. 项目依据文件　　B. 环境保护目标

C. 相关技术资料　　D. 引用文献

83. 根据《建设项目环境影响评价技术导则　总纲》，下列关于建设项目环境管理与监测计划的说法，正确的有（　　）。

A. 给出污染物排放清单，明确污染物排放的管理要求

B. 提出应向社会公开的信息内容

C. 环境监测计划应包括污染源监测计划和环境质量监测计划

D. 对存在较大潜在人群健康风险的建设项目应提出生态监测方案

84. 根据《建设项目环境影响评价技术导则　总纲》，环境影响报告表可根据（　　），有针对性突出环境要素或设置专题开展评价。

A. 工程内容

B. 工程特点

C. 影响时段

D. 环境特征

85. 根据《建设项目环境影响评价技术导则　总纲》，环境影响评价工作一般分为（　　）。

A. 调查分析和工作方案制定阶段

B. 分析论证和预测评价阶段

C. 建设项目建设和生产运行阶段

D. 环境影响报告书（表）编制阶段

86. 根据《建设项目环境影响评价技术导则　总纲》，对于异地搬迁建设项目，在工程分析时，需说明（　　）。

A. 现有工程的基本情况

B. 污染排放及达标情况

C. 存在的环境保护问题及拟采取的整改措施

D. 异地搬迁的原因及与产业政策相符性分析

87. 根据《建设项目环境影响评价技术导则　总纲》，环境影响经济损益分析在进行货币化经济损益核算时，对建设项目的环境影响后果包括（　　）

A. 直接和间接影响

B. 长期和短期影响

C. 可逆和不可逆影响

D. 不利和有利影响

88. 根据《建设项目环境影响评价技术导则　总纲》，下列属于环境影响不可行结论判定要求的有（　　）。

A. 环境影响经济损益分析

B. 存在重大环境制约因素

C. 区域环境问题突出且整治计划不落实

D. 环境保护措施经济技术不满足长期稳定达标及生态保护要求

89. 根据《环境影响评价技术导则　大气环境》，大气污染源排放的污染物按存在形态分为（　　）。

A. 颗粒态污染物

B. 气态污染物

C. 一次污染物

D. 二次污染物

90. 根据《环境影响评价技术导则　大气环境》，当 AERMOD 计算考虑颗粒物湿沉降时，地面气象数据中需要包括（　　）等气象参数。

A. 降雨类型

B. 降雨量

C. 相对湿度

D. 站点气压

91. 根据《环境影响评价技术导则　大气环境》，城市环境空气质量达标情况评价指标有（　　）。

A. SO_2　　B. NO_2

C. CO　　D. CO_2

92. 下列关于大气污染源排放速率标准分级的说法，错误的有（　　）。

A. 位于一类区的污染源执行一级标准，位于二类区的污染源执行二级标准

B. 位于三类区的污染源执行二级标准

C. 一类区禁止新、扩、改建污染源

D. 一类区现有污染源改建执行新污染源的一级标准

93. 根据《环境影响评价技术导则　地表水环境》，下列关于地面水污染源的简化要求，说法错误的有（　　）。

A. 根据污染源的具体情况，排放形式可简化为点源、线源、面源，排放规律可简化为连续恒定排放和非连续恒定排放

B. 在地表水环境影响预测中，通常可以把排放规律简化为连续恒定排放

C. 无组织排放从多个间距很近的排放口排水时，可以简化为点源

D. 评价等级为三级时，海湾污染源简化与大湖（库）相同

94. 根据《环境影响评价技术导则　地下水环境》，属Ⅱ类建设项目场地地下水环境敏感

程度“敏感”级别的有（　　）。

A. 集中式饮用水水源地准保护区　　B. 重要湿地

C. 地质灾害易发区　　D. 沙化土地封禁保护区

95. 下列属于地下水现状评价与工程分析阶段的工作的有（　　）。

A. 环境水文地质问题调查　　B. 地下水污染源调查

C. 地下水环境现状监测　　D. 地下水环境影响预测

96. 根据《环境影响评价技术导则　声环境》，公路、城市道路交通运输噪声预测的内容包括（　　）。

A. 预测各预测点的贡献值、预测值、预测值与现状噪声值的差值

B. 给出评价范围内敏感目标的计权等效连续感觉噪声级

C. 预测高层建筑有代表性的不同楼层所受的噪声影响

D. 按预测值绘制代表性路段的等声级线图，分析敏感目标所受噪声影响的程度，确定噪声影响的范围，并说明受影响人口分布情况

97. 根据《环境影响评价技术导则　生态影响》，关于生态影响评价工作分级和调整，说法正确的有（　　）。

A. 评价项目的工程占地范围包含永久占地和水域，但不包括临时占地

B. 改扩建工程的工程占地范围以全部占地（含水域）面积或长度计算

C. 拦河闸坝建设可能明显改变水文情势等情况下，评价工作等级应上调一级

D. 在矿山开采可能导致矿区土地利用类型明显改变，评价工作等级应上调一级

98. 根据《环境影响评价技术导则　生态影响》，生态现状调查方法包括（　　）。

A. 现场勘查法　　B. 资料收集法

C. 专家和公众咨询法　　D. 类比调查法

99. 根据《建设项目环境风险评价技术导则》，环境风险评价中指的突发性事件或事故一般不包括（　　）。

A. 技术设计引发爆炸　　B. 自然灾害

C. 人为破坏　　D. 机器故障引发大面积溢油

100. 《建设项目竣工环境保护验收技术规范　生态影响类》规定了生态影响类建设项目竣工环境保护验收调查（　　）。

A. 总体要求　　B. 实施方案的编制要求

C. 监测内容和技术的要求　　D. 调查报告的编制要求

押题模拟试卷（二）

一、单项选择题（共 80 题，每题 1 分。每题的备选项中，只有 1 个最符合题意）

1. 根据《建设项目环境影响评价技术导则　总纲》，下列属于建设项目环境影响评价工作中第三阶段的是（　　）。

A. 制定工作方案

B. 建设项目工程分析

C. 编制环境影响报告书（表）

D. 环境现状调查监测与评价

2. 根据《建设项目环境影响评价技术导则　总纲》，可根据工程特点、规模、环境敏感程度、影响特征等选择开展建设项目（　　）的环境影响预测和评价。

A. 建设阶段

B. 生产运行阶段

C. 服务期满后

D. 实施阶段

3. 根据《建设项目环境影响评价技术导则　总纲》，关于环境影响评价方法选取的说法，错误的是（　　）。

A. 环境影响评价应采用定量评价与定性评价相结合的方法

B. 环境影响评价以定性评价为主

C. 环境影响评价技术导则规定了评价方法的，应采用规定的方法

D. 可以选用非环境影响评价技术导则规定方法

4. 根据《建设项目环境影响评价技术导则　总纲》，进行生态影响因素分析时，建设项目建设和运行过程不包括（　　）。

A. 施工方式

B. 运行方式

C. 影响方式

D. 调度调节方式

5. 根据《建设项目环境影响评价技术导则　总纲》，根据建设项目的特点、环境影响的主要特征，结合区域环境功能要求、环境保护目标、评价标准和环境制约因素，筛选确定（　　）。

A. 常规因子　　B. 评价因子

C. 特征因子　　D. 监测因子

6. 根据《环境影响评价技术导则　大气环境》，最大地面浓度占标率的计算公式 $P_i = c_i / c_{0i} \times 100\%$，其中的 c_i 是指第 i 个污染物（　　）。

A. 单位时间排放量（g/s）

B. 达标排放后的排放浓度（mg/m^3）

C. 估算模式计算出的最大地面质量浓度（mg/m^3）

D. 环境空气质量标准（mg/m^3）

7. 根据《环境影响评价技术导则　大气环境》，下列情况中大气环境评价工作等级应确定为一级的是（　　）。

A. $P_{max}=1\%$　　B. $P_{max}=10\%$

C. $P_{max}<1\%$　　D. $P_{max}=5\%$

8. 环境空气质量监测布点应以近 20 年统计的当地主导风向为轴向，在厂址及（　　）范围内设置 1～2 个监测点。

A. 主导风向下风向 5km

B. 主导风向下风向 10km

C. 主导风向上风向 5km

D. 主导风向上风向 10km

9. 根据《环境影响评价技术导则　大气环境》，确定项目的大气环境影响评价范围是依据（　　）。

A. 项目周围敏感目标

B. 项目排放污染物的最大影响程度

C. 项目排放污染物的最远影响距离

D. 最大地面浓度占标率

10. 根据《环境影响评价技术导则　大气环境》，某建设项目经计算确定 $D_{10\%}$ 为 26km，则该项目的大气环境评价范围为以排放源为中心点，以（　　）。

A. 26km 为半径的圆形区域

B. 边长 50km 的矩形区域

C. 周长 50km 的矩形区域

D. 边长 52km 的矩形区域

11. 根据《环境影响评价技术导则　大气环境》，对于部分无法进行连续监测的其他污染物，可监测其（　　）。

A. 一次污染物

B. 二次污染物

C. 一次空气质量浓度

D. 二次空气质量浓度

12. 根据《环境影响评价技术导则　大气环境》，大气环境预测时，计算污染源对评价范围的影响时，一般取（　　），项目位于预测范围的中心区域。

A. 主导风向为 X 坐标轴，主导风向的垂直方向为 Y 坐标轴

B. 东西向为 X 坐标轴、南北向为 Y 坐标轴

C. 南北向为 X 坐标轴、东西向为 Y 坐标轴

D. 可以任意设置 X、Y 坐标轴

13. 根据《环境影响评价技术导则　大气环境》，可模拟三维流场随时间和空间发生变化

时污染物的输送、转化和清除过程的预测模式是（　　）。

A. 估算模式　　B. AERMOD模式

C. ADMS模式　　D. CALPUFF模式

14. 下列不属于项目大气环境三级评价的基本附图的是（　　）。

A. 污染源点位分布图

B. 基本气象分析图

C. 污染物浓度等值线分布图

D. 环境空气敏感区分布图

15. 根据《大气污染物综合排放标准》，现有污染源无组织排放玻璃棉尘、石英粉尘、矿渣棉尘的监控浓度限值（监控点与参照点浓度差值）是（　　）。

A. $0.5mg/m^3$　　B. $2.0mg/m^3$

C. $1.0mg/m^3$　　D. $3.0mg/m^3$

16. 根据《环境影响评价技术导则　地表水环境》，确定评价区现有点污染源调查的繁简程度时，应考虑的主要因素是（　　）。

A. 建设规模　　B. 点源的污水排放量

C. 点源的污水性质　　D. 点源与建设项目关系

17. 根据《环境影响评价技术导则　地表水环境》，某河平水期平均流量为$180m^3/s$，河流断面形状近似矩形，河宽55m，水深7m，在取样断面上应取（　　）水样。

A. 6个　　B. 5个

C. 4个　　D. 2个

18. 根据《环境影响评价技术导则　地表水环境》，建设项目污水排放量为$15\ 000m^3/d$，污水中污染物就一种，需预测浓度的水质参数为8个，排水进入一条多年平均流量为$100m^3/d$的河流，该河流环境质量标准执行Ⅲ类。其地表水环境影响评价应按（　　）开展工作。

A. 一级　　B. 二级

C. 三级　　D. 四级

19. 根据《环境影响评价技术导则　地表水环境》，对设有闸坝受人工控制的河流，用水时期，如用水量小时其取样断面、取样位置、取样点的布设以及水质调查的取样次数应按（　　）处理。

A. 河流　　B. 水库

C. 湖泊　　D. 河口

20. 根据《环境影响评价技术导则　地表水环境》，河流汇合部可以分为（　　）3段分别进行环境影响预测。

A. 支流、江心洲、汇合后主流

B. 河流无感潮段、河流感潮段、口外滨海段

C. 支流、汇合前主流、汇合后主流

D. 支流、汇合前主流、江心洲

21. 根据《环境影响评价技术导则　地表水环境》，在水质混合区进行水质影响预测时，

应选用（　　）。

A. 一维模式　　B. 动态数值解水质模式

C. 二维或三维模式　　D. 零维模式

22. 根据《环境影响评价技术导则　地表水环境》，建设项目对地面水的某些影响如感官性状、有毒物质在底泥中的累积和释放等，当没有条件进行类比调查法时，可以采用（　　）进行预测。

A. 专业判断法　　B. 物理模型法

C. 现场实测法　　D. 数学模式法

23. 根据《环境影响评价技术导则　地下水环境》，编制地下水环境影响评价工作方案应该在（　　）完成。

A. 准备阶段　　B. 预测评价阶段

C. 现状调查与工程分析阶段　　D. 报告编写阶段

24. 根据《环境影响评价技术导则　地下水环境》，二级评价项目，对地下水水质、水量应采用（　　）进行影响预测和评价。

A. 数值法　　B. 数值法或解析法

C. 时序分析　　D. 趋势外推

25. 根据《环境影响评价技术导则　地下水环境》，一般情况下，地下水水位监测点数以不小于相应评价级别地下水水质监测点数的（　　）为宜。

A. 1 倍　　B. 2 倍

C. 3 倍　　D. 4 倍

26. 根据《环境影响评价技术导则　地下水环境》，评价Ⅱ类建设项目对地下水流场或地下水水位（水头）影响时，应依据（　　）的原则进行评价。

A. 地下水以新带老

B. 地下水资源补采平衡

C. 地下水谁污染、谁治理

D. 地下水谁开采、谁治理

27. 下列关于环境现状调查与评价的说法，正确的是（　　）。

A. 根据建设项目污染源及所在地区的环境特点，结合各专项评价的工作等级和调查范围，筛选出应调查的有关参数

B. 充分搜集和利用现有的有效资料，当现有资料不能满足要求时，需进行现场调查和测试，并分析现状监测数据的科学性和合理性

C. 对一般自然环境与社会环境的调查，应充分调查

D. 对与建设项目有密切关系的环境状况应全面、详细调查，给出定性的分析或评价

28. 根据《环境影响评价技术导则　声环境》，在声环境影响评价中，声源近似为点声源的条件是（　　）。

A. 声源中心到预测点之间的距离超过声源平均几何尺寸 2 倍时

B. 声源中心到预测点之间的距离超过声源最大几何尺寸 3 倍时

C. 声源中心到预测点之间的距离超过声源最大几何尺寸 2 倍时

D. 声源中心到预测点之间的距离超过声源平均几何尺寸 3 倍时

29. 根据《环境影响评价技术导则　声环境》，某中型项目，建设前后评价范围内敏感目标噪声级增高量为 7～11dB（A），受影响人口显著增多，此建设项目声环境影响应按（　　）进行工作。

A. 一级评价　　B. 二级评价

C. 三级评价　　D. 二级或三级评价

30. 根据《环境影响评价技术导则　声环境》，某新建工厂的声环境影响评价工作等级为一级，一般情况下，其评价范围为（　　）。

A. 以建设项目边界向外 100m

B. 以建设项目包络线边界向外 200m

C. 以建设项目边界向外 200m

D. 以建设项目中心点向外 200m

31. 根据《环境影响评价技术导则　声环境》，声环境现状调查需收集评价范围内（　　）地理地形图。

A. 1∶2 000～100 000　　B. 1∶2 000～50 000

C. 1∶5 000～100 000　　D. 1∶500～5 000

32. 根据《环境影响评价技术导则　声环境》，公路、城市道路交通运输噪声预测内容中，按（　　）绘制代表性路段的等声级线图，分析敏感目标所受噪声影响的程度，确定噪声影响的范围，并说明受影响人口分布情况。

A. 预测值　　B. 背景值

C. 贡献值　　D. 叠加值

33. 根据《环境影响评价技术导则　声环境》，对于新建工程，当评价范围内没有明显的噪声源且声级（　　），噪声现状测量点可以大幅度减少或不设测量点。

A. ≤50dB（A）　　B. ≤40dB（A）

C. ＜40dB（A）　　D. ＜50dB（A）

34. 根据《环境影响评价技术导则　声环境》，在环境噪声评价量中，"L_{WECPN}" 符号表示（　　）。

A. 计权声功率级　　B. 声功率级

C. 计权等效连续感觉噪声级　　D. 等效连续 A 声级

35. 某拟建公路长 100km，占用人工林、荒地、部分耕地、建设用地，据《环境影响评价技术导则　生态影响》，此公路的生态影响工作等级为（　　）。

A. 一级　　B. 二级

C. 三级　　D. 四级

36. 某工程的建设可能影响到自然保护区，工程占地为 10km²，据《环境影响评价技术导则　生态影响》，此工程的生态影响工作等级为（　　）。

A. 一级　　B. 二级

C. 三级　　　　　　　　　　　　D. 四级

37. 根据《环境影响评价技术导则　生态影响》，根据评价项目自身特点、区域的生态特点以及评价项目与影响区域生态系统的相互关系，确定工程分析的重点，分析（　　）。

A. 生态影响的替代方案

B. 生态影响的方式

C. 生态影响的施工时序

D. 生态影响的源及其强度

38. 某建设项目占地面积 $35km^2$，其生态环境影响评价范围内有一森林公园。根据《环境影响评价技术导则　生态影响》，该建设项目的环境评价工作等级为（　　）。

A. 一级　　　　　　　　　　　　B. 二级

C. 三级　　　　　　　　　　　　D. 四级

39. 根据《环境影响评价技术导则　生态影响》，生态现状调查中，对主要生态问题的调查，应调查影响区域内（　　）。

A. 未来预计存在的制约本区域可持续发展的主要生态问题

B. 已经存在的制约本区域可持续发展的主要生态问题

C. 已经存在的制约本区域经济发展的主要生态问题

D. 未来预计存在的制约本区域经济发展的主要生态问题

40. 根据《环境影响评价技术导则　生态影响》，（　　）是指通过研究某一区域、一定时段内的生态系统类群的格局、特点、综合资源状况等自然规律，以及人为干预下的演替趋势，揭示人类活动在改变生物与环境方面的作用的方法。

A. 列表清单法

B. 图形叠置法

C. 生态机理分析法

D. 景观生态学法

41. 根据《环境影响评价技术导则　生态影响》，对各种替代方案进行生态可行性论证后，应优先选择（　　）的替代方案。

A. 生态影响最小　　　　　　　　B. 生态影响可接受

C. 生态影响最大　　　　　　　　D. 投资估算最少

42. 根据《规划环境影响评价技术导则　总纲》，“三线一单”是指（　　）。

A. 环境质量红线、生态保护底线、资源利用上线和生态环境准入清单

B. 生态保护红线、环境质量底线、资源利用上线和环境保护准入清单

C. 生态保护红线、环境质量底线、资源利用上线和生态环境准入清单

D. 环境质量红线、生态保护底线、资源利用上线和环境保护准入清单

43. 根据《规划环境影响评价技术导则　总纲》，评价目的不包括（　　）。

A. 提出完善环境管理方案

B. 提出规划优化调整建议

C. 论证规划方案的生态环境合理性和环境效益

D. 提出生态环境保护建议和管控要求

44. 根据《规划环境影响评价技术导则　产业园区》，评价结论不包括（　　）。

A. 规划实施制约因素与优化调整建议

B. 资源开发利用管控要求

C. 产业园区生态环境现状与存在问题

D. 规划实施生态环境保护目标和要求

45. 根据《建设项目环境风险评价技术导则》，环境风险评价中的最大可信事故是指在所有预测概率不为零的事故中（　　）的事故。

A. 发生概率最大

B. 安全隐患最大

C. 造成财产损失最大

D. 对环境（或健康）危害最严重

46. 《建设项目环境风险评价技术导则》中，环境风险分为（　　）3 种类型。

A. 火灾、爆炸、中毒

B. 爆炸、恶臭、中毒

C. 火灾、泄漏、恶臭

D. 爆炸、泄漏、火灾

47. 根据《建设项目环境风险评价技术导则》，在风险识别环境资料的收集过程中，重点收集（　　）资料。

A. 厂址周边环境

B. 人口分布

C. 区域环境资料

D. 厂址内环境

48. 根据《建设项目竣工环境保护验收技术规范　生态影响类》，对于公路、铁路、轨道交通等线性工程以及港口项目，验收调查应在工况稳定、生产负荷达到近期预测生产能力（或交通量）（　　）以上的情况下进行。

A. 65%　　　　B. 70%

C. 75%　　　　D. 80%

49. 根据《建设项目竣工环境保护验收技术规范　生态影响类》，生态影响的环境保护措施主要是针对（　　）的保护措施。

A. 居住区　　　　B. 水环境

C. 生态敏感目标（水生、陆生）　　　　D. 水土流失防治

50. 根据《建设项目竣工环境保护验收技术规范　生态影响类》，生态影响调查结论与建议中，总结的内容主要是（　　）。

A. 建设项目对环境影响评价文件及环境影响评价审批文件要求的落实情况

B. 建设项目对生态环境主管部门颁布的法律法规的执行情况

C. 建设项目执行环境保护标准的情况

D. 建设项目对环保措施的投入运行情况

51. 根据《环境空气质量标准》，（　　）没有24h平均浓度限值的污染物。

A. O_3　　B. NO_2

C. CO　　D. $PM_{2.5}$

52. 根据《环境空气质量标准》，环境空气一氧化碳（CO）的手工监测分析方法是（　　）。

A. 甲醛吸收副玫瑰苯胺分光光度法

B. 非分散红外法

C. 紫外荧光法

D. 化学发光法

53. 根据《地表水环境质量标准》，对于Ⅲ类水体人为造成环境水温变化应限制在（　　）。

A. 月平均最大温升≤1℃，月平均最大温降≤2℃

B. 周平均最大温升≤2℃，周平均最大温降≤3℃

C. 周平均最大温升<1℃，周平均最大温降<2℃

D. 周平均最大温升≤1℃，周平均最大温降≤2℃

54. 根据《污水综合排放标准》，工业污水按（　　）确定监测频率。

A. 生产周期　　B. 实际工作日

C. 自然工作日　　D. 监测单位要求

55. 根据《地下水质量标准》，以下可不作为地下水质常规监测项目的是（　　）。

A. 氨氰　　B. 氰化物

C. 溶解性总固体　　D. 总大肠菌群

56. 《地下水质量标准》适用于一般地下水，不适用于（　　）、盐卤水。

A. 地下河水、湖水　　B. 地下热水、矿水

C. 地下河水、矿水　　D. 地下热水、湖水

57. 根据《地下水质量标准》，利用污水灌溉、污水排放、有害废弃物（城市垃圾、工业废渣、核废料等）的堆放和地下处置，必须经过（　　），征得环境保护部门批准后方能施行。

A. 环境地质处置和环境地质可行性论证

B. 设置防渗层和环境影响评价

C. 环境地质可行性论证及环境影响评价

D. 设置防渗层和污水回收处理

58. 根据《声环境质量标准》，城市康复疗养区执行的环境噪声昼夜标准值分别是（　　）。

A. 55dB（A）、45dB（A）　　B. 65dB（A）、55dB（A）

C. 50dB（A）、40dB（A）　　D. 60dB（A）、50dB（A）

59. 根据《声环境质量标准》，在一般户外进行环境噪声的测量时，如使用监测车辆测量，传声器应固定在车顶部（　　）高度处。

A. 1.0m　　B. 1.5m

C. 0.8m　　D. 1.2m

60.《城市区域环境振动标准》适用于发生的（　　）、冲击振动和（　　）。

A. 稳态振动，规则振动　　B. 稳态振动，无规则振动

C. 不稳态振动，规则振动　　D. 不稳态振动，无规则振动

61. 根据《工业企业厂界环境噪声排放标准》，当厂界与噪声敏感建筑物距离小于（　　）时，厂界环境噪声应在噪声敏感建筑物的室内测量，并将相应噪声限值减（　　）作为评价依据。

A. 1.5m，10dB（A）　　B. 1.0m，10dB（A）

C. 1.0m，5dB（A）　　D. 2.0m，5dB（A）

62. 根据《建筑施工场界环境噪声排放标准》，某建筑物施工时，场界距噪声敏感建筑物较近，其室外不满足测量条件，在噪声敏感建筑物室内测量，则所测场界噪声的评价依据为（　　）。

A. 昼间≤60dB（A），夜间≤50dB（A）

B. 昼间≤70dB（A），夜间≤55dB（A）

C. 昼间≤60dB（A），夜间≤45dB（A）

D. 昼间≤65dB（A），夜间≤50dB（A）

63. 根据《社会生活环境噪声排放标准》，社会生活环境噪声测量应在无雨雪、无雷电天气，风速为（　　）以下时进行。

A. 2m/s　　B. 3m/s

C. 4m/s　　D. 5m/s

64. 对某铅锌矿项目进行环境影响评价时，该矿区附近农田应执行《土壤环境质量标准》中（　　）标准。

A. 一级　　B. 二级

C. 三级　　D. 四级

65. 根据《土壤环境质量标准》，土壤质量（　　）为保障农林业生产和植物正常生长的土壤临界值。

A. 一级标准　　B. 二级标准

C. 三级标准　　D. 四级标准

66. 根据《生活垃圾填埋场污染控制标准》，以下不属于生活垃圾渗滤液排放控制项目的是（　　）。

A. pH 值　　B. 悬浮物

C. 生化需氧量　　D. 化学需氧量

67. 根据《生活垃圾填埋场污染控制标准》，生活垃圾填埋场选址的标高应位于重现期不小于（　　）的洪水位之上，并建设在长远规划中的水库等人工蓄水设施的淹没区和保护区之外。

A. 70 年一遇　　B. 30 年一遇

C. 50 年一遇　　D. 20 年一遇

68. 根据《生活垃圾填埋场污染控制标准》，生活垃圾填埋场场址的位置及与周围人群的距离（　　），并经地方生态环境主管部门批准。

A. 应依据环境影响评价结论确定　　B. 300m

C. 500m　　D. 400m

69. 根据《生活垃圾填埋场污染控制标准》，下列废物可以直接进入生活垃圾填埋场填埋处置的是（　　）。

A. 不经处理的餐饮废物

B. 不经处理的粪便

C. 服装加工、食品加工以及其他城市生活服务行业产生的性质与生活垃圾相近的一般工业固体废物

D. 禽畜养殖废物

70. 根据《生活垃圾填埋场污染控制标准》，（　　）不属于生活垃圾填埋场选址的内容。

A. 区域性环境规划　　B. 环境卫生设施建设规划

C. 当地的农业发展规划　　D. 当地的城市规划

71. 根据《生活垃圾填埋场污染控制标准》，下列关于甲烷排放控制要求的说法，正确的是（　　）。

A. 填埋工作面上 2m 以下高度范围内甲烷的体积百分比应不大于 0.2%

B. 填埋工作面上 2m 以上高度范围内甲烷的体积百分比应不大于 0.1%

C. 生活垃圾填埋场应采取甲烷减排措施

D. 当通过导气管道直接排放填埋气体时，导气管排放口的甲烷的体积百分比不大于 5% 。

72. 某企业拟建设危险废物贮存设施，其选址邻近一条小河，根据《危险废物贮存污染控制标准》，该贮存设施场界必须距小河（　　）以外。

A. 100m　　B. 150m

C. 200m　　D. 250m

73. 下列废物不适用《危险废物贮存污染控制标准》的是（　　）。

A. 石棉　　B. 重金属

C. 金属淤泥　　D. 尾矿

74. 下列关于《危险废物贮存污染控制标准》的说法，错误的是（　　）。

A. 危险废物集中贮存设施的选址场界应位于居民区 800m 以外，地表水域 150m 以外

B. 本标准适用于所有危险废物（尾矿除外）贮存的污染控制及监督管理

C. 本标准适用于危险废物的产生者、经营者和管理者

D. 危险废物集中贮存设施的选址场界应位于居民区 1 000m 以外，地表水域 150m 以外

75. 根据《危险废物贮存污染控制标准》，危险废物贮存设施的底部必须（　　）。

A. 低于地下水最高水位

B. 高于地下水最高水位

C. 高于地下水最低水位

D. 低于地下水最低水位

76. 根据《危险废物填埋污染控制标准》，符合危险废物填埋场选址要求的有（　　）。

A. 距人畜居栖点 500m

B. 场界应位于地表水域 100m 以外

C. 建在溶洞区

D. 建在距离军事基地 5km 外

77. 根据《危险废物焚烧污染控制标准》，集中式危险废物焚烧厂可能建设在（　　）。

A. 文化区　　　　B. 商业区

C. 工业区　　　　D. 居住区

78. 根据《危险废物焚烧污染控制标准》，危险废物焚烧厂可能建设在(　　)。

A. 地表水环境质量Ⅰ类功能区　　　　B. 环境空气质量一类功能区

C. 环境空气质量二类功能区　　　　D. 地表水环境质量Ⅱ类功能区

79. 下列废物中，适用《危险废物焚烧污染控制标准》的是（　　）。

A. 具有放射性的危险废物　　　　B. 生活垃圾

C. 易爆的危险废物　　　　D. 低热值的危险废物

80. 根据《危险废物焚烧污染控制标准》，下列关于危险废物焚烧处置方法的说法，错误的是（　　）。

A. 焚烧处置方法是一种高温热处理技术

B. 焚烧处置的特点是它可同时实现废物的无害化、减量化、资源化

C. 焚烧法可以处置固态废物和气态废物，但不可以处置液态废物

D. 焚烧处置技术的最大弊端是产生废气污染

二、不定项选择题（共 20 题，每题 2 分。每题的备选项中，至少有 1 个符合题意。多选、错选、少选均不得分）

81. 根据《建设项目环境影响评价技术导则　总纲》，预测和评价的因子应包括反映建设项目特点的（　　）。

A. 常规污染因子

B. 特征污染因子

C. 特殊污染因子

D. 生态因子

82. 根据《建设项目环境影响评价技术导则　总纲》，环境影响预测与评价方法主要有（　　）。

A. 数学模式法

B. 物理模型法

C. 类比调查法

D. 叠加图法

83. 根据《建设项目环境影响评价技术导则　总纲》，下列属于环境影响因素识别的内容有（　　）。

A. 明确建设项目在不同阶段的各种行为与可能受影响的环境要素间的作用效应关系

B. 定性分析建设项目对各环境要素可能产生的污染影响与生态影响

C. 定量分析建设项目对各环境要素可能产生的污染影响与生态影响

D. 包括有利与不利影响、长期与短期影响、可逆与不可逆影响、直接与间接影响、累积与非累积影响等

84. 根据《建设项目环境影响评价技术导则　总纲》，关于环境影响评价范围确定的说法，正确的有（　　）。

A. 环境影响评价范围是指建设项目整体实施后可能对环境造成的影响范围

B. 根据环境影响评价范围内各环境要素的环境功能区划确定

C. 具体根据环境要素和专题环境影响评价技术导则的要求确定

D. 环境影响评价技术导则中未明确具体评价范围的，根据建设项目可能影响范围确定

85. 根据《建设项目环境影响评价技术导则　总纲》，建设项目工程分析中，建设项目概况包括（　　）。

A. 公用工程

B. 环保工程

C. 储运工程

D. 依托工程

86. 根据《建设项目环境影响评价技术导则　总纲》，污染源源强核算时，改扩建项目的污染物排放量应包括（　　）。

A. 有组织排放

B. 无组织排放

C. 正常工况排放

D. 非正常工况排放

87. 根据《建设项目环境影响评价技术导则　总纲》，对于拟采取环境保护措施的论证应从（　　）进行论证。

A. 技术可行性

B. 经济合理性

C. 长期稳定运行和达标排放的可靠性

D. 满足环境质量改善和排污许可要求的可行性

88. 根据《环境影响评价技术导则　大气环境》，大气环境点源调查的内容包括（　　）。

A. 各主要污染物正常排放量，排放工况，年排放小时数

B. 排气筒底部中心坐标，以及排气筒底部的海拔高度

C. 排气筒有效高度

D. 排气筒出口处烟气温度

89. 根据《环境影响评价技术导则　大气环境》，下列关于大气环境监测制度的叙述，错误的有（　　）。

A. 每期监测时间，至少应取得有季节代表性的5d有效数据

B. 监测时应使用空气自动监测设备

C. 对于部分无法进行连续监测的特殊污染物，可监测其一次浓度值

D. 在不具备自动连续监测条件时，二级评价项目每天监测时段，1h浓度监测值应至少获取8h浓度值

90. 根据《环境影响评价技术导则　大气环境》，下列关于估算模式的说法，正确的有（　　）。

A. 估算模式是一种多源预测模式

B. 估算模式中嵌入了多种预设的气象组合条件

C. 估算模式计算出的最大地面浓度小于进一步预测模式的计算结果

D. 对于＜1h的短期非正常排放，可采用估算模式进行预测

91. 根据《环境影响评价技术导则　地表水环境》，下列关于评价地表水环境影响的原则，说法正确的有（　　）。

A. 地表水环境影响的评价范围与影响预测范围不一定相同

B. 所有预测点和所有预测的水质参数均应进行各生产阶段不同情况的环境影响评价，但应有重点

C. 所有预测点在水文要素和水质急剧变化处、水域功能改变处、取水口附近等应作为重点

D. 多项水质参数综合评价的评价方法和评价的水质参数与环境现状综合评价不一定相同

92. 根据《环境影响评价技术导则　地表水环境》，水环境影响预测时，预测范围内的河段可以分为充分混合段、混合过程段和排污口上游河段，以下关于充分混合段和混合过程段说法正确的有（　　）。

A. 充分混合段是指污染物浓度在断面上均匀分布的河段

B. 当断面上任意一点的浓度与断面平均浓度之差小于平均浓度的10%时，可以认为达到均匀分布

C. 当断面上任意一点的浓度与断面平均浓度之差小于平均浓度的5%时，可以认为达到均匀分布

D. 混合过程段是指排放口下游达到充分混合断面以前的河段

93. 根据《环境影响评价技术导则　地下水环境》，关于地下水二级评价项目的技术要求，说法正确的有（　　）。

A. 基本掌握评价区域的环境水文地质条件、污染源状况、项目所在区域的地下水开采利用现状与规划

B. 应查明各含水层之间以及与地表水之间的水力联系

C. 根据建设项目污染源特点及具体的环境水文地质条件有针对性地开展勘察试验，

进行地下水环境现状评价

D. 对地下水水质、水量必须采用数值法进行影响预测和评价

94. 根据《环境影响评价技术导则　声环境》，下列关于声环境评价量的说法，正确的有（　　）。

A. 进行边界噪声评价时，新建建设项目以工程噪声预测值作为评价量

B. 改扩建建设项目以工程噪声贡献值与受到现有工程影响的边界噪声值叠加后的预测值作为评价量

C. 进行敏感目标噪声环境影响评价时，以敏感目标所受的噪声贡献值与背景噪声值叠加后的预测值作为评价量

D. 对于改扩建的公路、铁路等建设项目，如预测噪声贡献值时已包括了现有声源的影响，则以预测值作为评价量

95. 根据《环境影响评价技术导则　生态影响》，关于生态影响评价工作范围的确定原则，说法正确的有（　　）。

A. 生态影响评价应能够充分体现生态完整性，涵盖评价项目全部活动的直接影响区域或间接影响区域

B. 评价工作范围依据评价项目对生态因子的影响途径确定

C. 可综合考虑评价项目与项目区的气候过程、水文过程、生物过程等生物地球化学循环过程的相互作用关系

D. 以评价项目影响区域所涉及的完整气候单元、水文单元、生态单元、地理单元界限为参照边界

96. 根据《建设项目环境风险评价技术导则》，环境风险二级评价的基本内容包括（　　）。

A. 风险识别　　B. 源项分析

C. 说明风险事故影响范围和程度　　D. 风险计算和评价

97. 根据《环境空气质量标准》，下列属于二类区的有（　　）。

A. 一般工业区　　B. 居住区

C. 特定工业区　　D. 风景名胜区

98. 下列污染源不适用《大气污染物综合排放标准》的有（　　）。

A. 建筑施工场地　　B. 硫酸生产

C. 炼焦炉　　D. 恶臭排放

99. 根据《地表水环境质量标准》，下列属于地表水水域环境功能Ⅱ类标准水的有（　　）。

A. 集中式生活饮用水地表水源地一级保护区

B. 集中式生活饮用水地表水源地二级保护区

C. 鱼虾类产卵场

D. 鱼虾类越冬场

100. 根据《污水综合排放标准》，下列属于第一类污染物的有（　　）。

A. 总汞　　B. 总砷

C. 总铜　　D. 总银

押题模拟试卷（三）

一、单项选择题（共 80 题，每题 1 分。每题的备选项中，只有 1 个最符合题意）

1. 下列关于环境标准的说法，错误的是（　　）。

A. 国家污染物排放标准分为跨行业综合性排放标准和行业性排放标准

B. 执行上，国家环境标准优先于地方环境标准

C. 综合性排放标准与行业性排放标准不交叉执行

D. 大气污染物综合排放标准属于为跨行业综合性排放标准，火电厂大气污染物排放标准属于行业性排放标准

2. 根据《建设项目环境影响评价技术导则　总纲》，建设项目进行环境现状调查与评价时，充分收集和利用评价范围内各例行监测点、断面或站位的近（　　）年环境监测资料或背景值调查资料。

A. 1　　　　B. 3

C. 5　　　　D. 20

3. 根据《建设项目环境影响评价技术导则　总纲》，环境影响评价技术导则中未明确具体评价范围的，根据建设项目的（　　）确定。

A. 可能影响程度　　　　B. 可能影响范围

C. 排污特征　　　　D. 所处区域环境敏感程度

4. 根据《建设项目环境影响评价技术导则　总纲》，环境影响预测与评价内容应重点预测建设项目（　　）正常工况和非正常工况等情况的环境影响。

A. 建设阶段

B. 生产运行阶段

C. 服务期满后

D. 实施阶段

5. 根据《建设项目环境影响评价技术导则　总纲》，下列关于环境影响报告书编制要求的说法，错误的是（　　）。

A. 环境现状调查应反映环境特征

B. 主要环境问题应阐述清楚

C. 影响预测方法应有效

D. 预测结果应可信

6. 根据《建设项目环境影响评价技术导则　总纲》，环境影响报告表应采用（　　）。

A. 规定格式　　　　B. 书面格式

C. 标准格式　　　　D. 特定格式

7. 根据《环境影响评价技术导则　大气环境》，大气环境评价工作分级是根据（　　）计算确定。

A. 推荐模式中的 ADMS 模式

B. 推荐模式中的估算模式

C. 等标排放量的公式

D. 推荐模式中的 AERMOD 模式

8. 根据《环境影响评价技术导则　大气环境》，某建设项目排放两种大气污染物，经计算 A 污染物的最大地面浓度占标率 P_i 为 15%，$D_{10\%}$ 为 1.2km，B 污染物的最大地面浓度占标率 P_i 为 10%，$D_{10\%}$ 为 1.1km，污染源距厂界最近距离为 1.3km，则该项目的大气环境评价等级为（　　）。

A. 一级　　B. 二级

C. 三级　　D. 一级或二级

9. 根据《环境影响评价技术导则　大气环境》，对于三级评价项目，大气污染源调查与分析对象应包括（　　）。

A. 项目的所有污染源

B. 评价区的工业污染源

C. 评价范围内与项目排放污染物有关的其他在建项目

D. 已批复环境影响评价文件的未建项目污染源

10. 根据《环境影响评价技术导则　大气环境》，TSP 是指悬浮在空气中，（　　）直径≤100μm 的颗粒物。

A. 几何当量

B. 阻力学当量

C. 自由沉降当量

D. 空气动力学当量

11. 根据《环境影响评价技术导则　大气环境》，对大气环境一级评价项目，监测点应包括评价范围内有代表性的环境空气保护目标，点位个数应不少于（　　）。

A. 9 个　　B. 10 个

C. 12 个　　D. 15 个

12. 根据《环境影响评价技术导则　大气环境》，下列污染类别需预测所有因子的是（　　）。

A. 新增污染源的正常排放

B. 新增污染源的非正常排放

C. 削减污染源

D. 被取代污染源

13. 根据《环境影响评价技术导则　大气环境》，不利气象条件系指熏烟状态以及对环境敏感区或关心点易造成严重污染的风向、风速、（　　）等条件。

A. 风频和稳定度

B. 稳定度和混合层高度

C. 污染系数和混合高度

D. 污染系数和稳定度

14. 根据《环境影响评价技术导则　大气环境》，基于估算模式计算某企业的大气环境防护距离时，甲污染物计算的距离为 205m，乙污染物计算的距离为 300m，丙污染物计算的距离为 350m，则该企业的大气环境防护距离应取（　　）。

A. 400m　　B. 500m

C. 350m　　D. 325m

15. 某住宅区项目向一个河流排污，河流排污口上游无污染源汇入。根据《环境影响评价技术导则　地表水环境》，该项目在水质调查时应选择的参数是（　　）。

A. 苯类　　B. 氰化物

C. 磷酸盐　　D. 挥发性酚

16. 根据《环境影响评价技术导则　地表水环境》，地表水环境影响评价中，某类污水中污染物类型＝2，需预测其浓度的水质参数＝8，这类污水水质的复杂程度属于（　　）。

A. 复杂　　B. 中等

C. 简单　　D. 一般

17. 某水域 5 年内规划有 4 个建设项目向其排污，按照《环境影响评价技术导则　地表水环境》，用单项水质参数评价该水域环境影响，可以采用（　　）。

A. 矩阵法　　B. 标准指数法

C. 加权平均法　　D. 自净利用指数法

18. 根据《环境影响评价技术导则　地表水环境》，某水库平均水深 10m，水面面积 30km^2，其水域规模为（　　）。

A. 一般水库　　B. 大水库

C. 中水库　　D. 小水库

19. 根据《环境影响评价技术导则　地表水环境》，排入小湖（库）的所有点源排放口可以简化为（　　），其排放量为所有排放量之和。

A. 1 个　　B. 2 个

C. 3 个　　D. 4 个

20. 根据《环境影响评价技术导则　地表水环境》，某河平水期平均流量为 120m^3/s，地表水环境一级评价，河流断面形状近似矩形，河宽 45m，水深 6m，在取样断面上应取（　　）水样分析。

A. 6 个　　B. 4 个

C. 5 个　　D. 2 个

21. 根据《环境影响评价技术导则　地表水环境》，对于（　　）河段，当拟预测溶解氧时，不需要预测最大亏氧点。

A. 分段预测　　B. 弯曲

C. 矩形　　D. 非矩形

22. 根据《环境影响评价技术导则　地表水环境》，水环境影响预测时，建设过程、生产过程（包括正常和非正常排放两种）、服务期满后各阶段拟预测的水质参数（　　）。

A. 应该完全相同

B. 彼此不一定相同

C. 建设期和生产过程应该相同

D. 生产过程和服务期满后应该相同

23. 根据《环境影响评价技术导则　地表水环境》，地表水环境影响评价工作分级时，下列类型的水不计入污水排放量的是（　　）。

A. 直接冷却水　　B. 循环水

C. 热水　　D. pH≤5 的水

24. 根据《环境影响评价技术导则　地下水环境》，地下水环境影响识别采用（　　）。

A. 叠图法　　B. 指数法

C. 网络法　　D. 矩阵法

25. 根据《环境影响评价技术导则　地下水环境》，一般情况，对于地下水Ⅰ类建设项目一级评价，现状调查与评价范围为（　　）。

A. ≥20km²　　B. ≤20km²

C. >30km²　　D. ≥50km²

26. 根据《环境影响评价技术导则　地下水环境》，（　　）地下水环境影响评价工作等级的划分，应根据建设项目地下水供水（或排水、注水）规模、引起的地下水水位变化范围、建设项目场地的地下水环境敏感程度以及可能造成的环境水文地质问题的大小等条件确定。

A. Ⅰ类和Ⅱ类建设项目

B. Ⅰ类建设项目

C. Ⅱ类建设项目

D. Ⅲ类建设项目

27. 根据《环境影响评价技术导则　地下水环境》，一级评价项目潜水含水层的水质监测点应不少于（　　）。

A. 3 个　　B. 7 个

C. 5 个　　D. 9 个

28. 根据《环境影响评价技术导则　声环境》，电梯噪声的评价量为（　　）。

A. 昼间等效声级　　B. 最大 A 声级

C. 等效感觉噪声级　　D. 等效连续 A 声级

29. 根据《环境影响评价技术导则　声环境》，某扩建的大型项目，其所在功能区是工业区，项目扩建前后噪声级增加 4dB（A），其声环境评价工作应按（　　）开展工作。

A. 一级评价　　B. 二级评价

C. 三级评价　　D. 四级评价

30. 根据《环境影响评价技术导则　声环境》，对于一般的公路建设项目，其两侧（　　）满足一级评价的范围要求。

A. 100m　　B. 200m

C. 300m　　D. 400m

31. 根据《环境影响评价技术导则　声环境》，机场周围飞机噪声评价范围应根据飞行量（　）。

A. 计算到 L_{EPN} 为 80dB 的区域　　B. 计算到 L_{WECPN} 为 80dB 的区域

C. 计算到 L_{EPN} 为 70dB 的区域　　D. 计算到 L_{WECPN} 为 70dB 的区域

32. 根据《环境影响评价技术导则　声环境》，对于建筑施工噪声，一般以（　）为评价量。

A. 等效 A 声级　　B. A 声级

C. 声功率级　　D. A 计权声功率级

33. 根据《环境影响评价技术导则　声环境》，对于改、扩建机场工程，声环境现状监测点一般布设在（　）处。

A. 机场场界　　B. 机场跑道

C. 机场航迹线　　D. 主要敏感目标

34. 根据《环境影响评价技术导则　声环境》，声环境三级评价工作要求：针对建设工程特点提出噪声防治措施并（　）。

A. 给出最终降噪效果　　B. 进行经济可行性分析

C. 进行达标分析　　D. 进行技术可行性分析

35. 根据《环境影响评价技术导则　声环境》，机场飞机噪声预测的内容中，需给出计权等效连续感觉噪声级（L_{WECPN}）为（　）的等声级线图。

A. 65dB、70dB、75dB、80dB、85dB

B. 70dB、75dB、80dB、85dB、90dB

C. 60dB、70dB、80dB、90dB、100dB

D. 75dB、80dB、85dB、90dB、95dB

36. 根据《环境影响评价技术导则　声环境》，以球面波形式辐射波的声源，辐射声波的声压幅值与声波传播距离（　）。

A. 成正比　　B. 成反比

C. 无关系　　D. 成平方

37. 某拟建公路长 100km，部分路段占用人工林、荒地，部分路段占用某森林公园，据《环境影响评价技术导则　生态影响》，此公路的生态影响工作等级为（　）。

A. 一级　　B. 二级

C. 三级　　D. 四级

38. 根据《环境影响评价技术导则　生态影响》，生态现状调查的范围应（　）。

A. 大于评价工作的范围　　B. 等于评价工作的范围

C. 不小于评价工作的范围　　D. 不大于评价工作的范围

39. 根据《环境影响评价技术导则　生态影响》，生态背景调查应重点调查（　）。

A. 生态系统类型、结构、功能和过程

B. 相关的非生物因子特征

C. 受保护的珍稀濒危物种、关键种、土著种、建群种和特有种以及天然的重要经济物种

D. 主要生态问题

40. 根据《环境影响评价技术导则 生态影响》，生态现状评价涉及受保护的敏感物种时，应重点分析该敏感物种的（ ）。

A. 生态学特征　　B. 结构

C. 变化趋势　　D. 功能

41. 根据《环境影响评价技术导则 生态影响》，生态影响防护与恢复的措施应按照（ ）的次序提出。

A. 减缓、避让、补偿和重建　　B. 避让、减缓、补偿和重建

C. 减缓、补偿、重建和避让　　D. 避让、补偿、减缓和重建

42. 根据《规划环境影响评价技术导则 总纲》，环境管控单元不包括（ ）。

A. 生态保护红线及生态空间管控区域

B. 环境质量底线管控区域

C. 环境质量现状管控区域

D. 资源利用上线管控区域

43. 根据《规划环境影响评价技术导则 总纲》，评价工作应突出不同类型、不同层级规划及其环境影响特点，充分衔接“三线一单”成果，分类指导规划所包含建设项目的布局和生态环境准入，体现的评价原则是（ ）。

A. 早期介入、过程互动　　B. 详细调研、精准施策

C. 客观评价、结论科学　　D. 统筹衔接、分类指导

44. 根据《规划环境影响评价技术导则 产业园区》，产业园区资源节约利用的主要途径不包括（ ）。

A. 绿色清洁能源利用

B. 非常规水资源利用

C. 固体废物综合利用

D. 土地节约集约利用

45. 根据《规划环境影响评价技术导则 产业园区》，下列现状调查与评价中，不属于生态环境现状调查与评价的是（ ）。

A. 调查评价范围主要污染源类型和分布等情况

B. 调查评价区域水环境、大气环境等质量状况

C. 调查产业园区规划环境影响评价执行情况

D. 调查评价范围内生态空间及环境敏感区的分布

46. 根据《建设项目环境风险评价技术导则》，下列关于环境风险评价与安全评价之间关系的表述，正确的是（ ）。

A. 安全评价包括环境风险评价

B. 环境风险评价与安全评价不相关

C. 安全评价即是环境风险评价

D. 安全评价的资料可用于环境风险评价

47. 根据《建设项目环境风险评价技术导则》，大气环境影响一级评价范围，距离风险源点不低于（　　）。

A. 2km　　B. 3km

C. 4km　　D. 5km

48. 根据《建设项目环境风险评价技术导则》，（　　）不属于风险识别范围。

A. 公用工程系统

B. 环境风险水平

C. 工程环保设施

D. 生产过程排放的"三废"污染物

49. 根据《建设项目环境风险评价技术导则》，某项目位于敏感区，物质危险源属非重大危险源，其环境风险评价工作等级为（　　）。

A. 一级　　B. 二级

C. 三级　　D. 一级或二级

50. 根据《建设项目环境风险评价技术导则》，在制定风险防范措施时，厂址及周围居民区、环境保护目标应设置（　　）。

A. 空间防护距离　　B. 安全防护距离

C. 卫生防护距离　　D. 防火间距

51. 根据《建设项目环境风险评价技术导则》，环境风险评价关注点是事故对厂（场）界（　　）的影响。

A. 内环境　　B. 外环境

C. 外经济　　D. 内经济

52. 下列选项，不适用《建设项目竣工环境保护验收技术规范　生态影响类》的是（　　）。

A. 风力发电　　B. 化工企业

C. 管道运输　　D. 渔业

53. 根据《建设项目竣工环境保护验收技术规范　生态影响类》，工程调查时提供工程平面布置图（或线路走向示意图），应标注（　　）。

A. 工程所在地理位置

B. 主要工程设施和环境敏感目标

C. 工程周围的环境

D. 主要建筑物、河流、道路、人口分布

54. 根据《建设项目竣工环境保护验收技术规范　生态影响类》，生态影响调查的现场勘察时，对于建设项目涉及的范围较大、无法全部覆盖的，可根据（　　）的原则，选择有代表性的区域与对象进行重点现场勘察。

A. 随机性和典型性　　B. 代表性和典型性

C. 随机性和敏感性　　D. 典型性和敏感性

55. 根据《环境空气质量标准》(GB 3095—2012)，环境空气污染物基本项目不包括（　　）。

A. SO_2　　B. PM_{10}

C. $PM_{2.5}$　　D. NO_x

56. 据《环境空气质量标准》，$PM_{2.5}$的二级标准的 24h 平均浓度限值是（　　）。

A. 75μg/m³　　B. 35μg/m³

C. 100μg/m³　　D. 50μg/m³

57. 根据《环境空气质量标准》，关于各项污染物数据统计的有效性规定中，SO_2、NO_2、CO 每小时的采样时间至少是（　　）。

A. 35min　　B. 40min

C. 45min　　D. 50min

58. 2020 年建成的某包装印刷厂使用有机溶剂，其非甲烷总烃排气筒高 12m。《大气污染物综合排放标准》规定的 15m 排气筒对应的最高允许排放速率为 10kg/h，则该排气筒非甲烷总烃排放速率应执行的标准是（　　）。

A. ≤8.0kg/h　　B. ≤6.4kg/h

C. ≤5.0kg/h　　D. ≤3.2kg/h

59. 根据《恶臭污染物排放标准》，"恶臭污染物厂界标准值"中的臭气浓度的单位是（　　）。

A. mg/L　　B. mg/m³

C. 量纲为 1　　D. kg/h

60. 根据《工业炉窑大气污染物排放标准》，下列关于工业炉窑建设的要求的说法，正确的是（　　）。

A. 在一类区内，禁止新建各类市政工程项目施工临时用沥青加热炉

B. 在一类区内，禁止新建建筑施工临时用沥青加热炉

C. 在一类区内，禁止新建各种工业炉窑，原有的工业炉窑改建时不得增加污染负荷

D. 在一类区内，可以新建各种工业炉窑

61. 《锅炉大气污染物排放标准》适用于（　　）排放大气污染物的管理，以及建设项目环境影响评价、设计、竣工验收和建成后的排污管理。

A. 煤粉发电锅炉

B. 单台出力不大于 45.5MW（65t/h）发电锅炉及各种容量和用途的燃煤、燃油和燃气锅炉

C. 单台出力大于 45.5MW（65t/h）发电锅炉

D. 单台出力小于 45.5MW（65t/h）发电锅炉及各种容量和用途的燃煤、燃油和燃气锅炉

62. 在《地表水环境质量标准》中，Ⅰ、Ⅱ类水中 COD 的最低标准限值是（　　）。

A. 15mg/L　　B. 20mg/L

C. 10mg/L　　D. 30mg/L

63. 根据《地表水环境质量标准》，农业用水和鱼虾类越冬场分别属地表水水域环境功能区的（　　）。

A. Ⅴ类和Ⅱ类　　B. Ⅳ类和Ⅱ类

C. Ⅴ类和Ⅲ类　　D. Ⅳ和Ⅲ类

64. 根据《海水水质标准》，工业污水按生产周期确定监测频率，生产周期在 8h 以内的，每（　　）采样一次。

A. 1h　　B. 2h

C. 3h　　D. 4h

65. 根据《污水综合排放标准》，（　　）属于第一类污染物。

A. 总汞、总镉、总砷、总铅、总镍、总锌

B. 总镉、总铬、六价铬、总 α 放射性、总银

C. 总汞、总锰、总银、苯并[a]芘、总铍

D. 总 β 放射性、烷基汞、总铜、COD、甲醛

66. 根据《声环境质量标准》，3 类声环境功能区执行的环境噪声昼夜标准值分别是（　　）。

A. 55dB（A）、45dB（A）　　B. 65dB（A）、55dB（A）

C. 50dB（A）、40dB（A）　　D. 60dB（A）、50dB（A）

67. 根据《声环境质量标准》，某铁路项目穿越某市城区，于 2009 年 4 月 1 日建成，2010 年 12 月 30 日获得改建的环境影响评价的批文，则该铁路干线两侧区域不通过列车时的环境背景噪声限值，执行昼夜标准值分别是（　　）。

A. 50dB（A）、40dB（A）

B. 55dB（A）、45dB（A）

C. 70dB（A）、55dB（A）

D. 70dB（A）、60dB（A）

68. 根据《城市区域环境振动标准》，某铁路干线两侧，每日发生几次的冲击振动，其最大值夜间不超过（　　）。

A. 85dB　　B. 83dB

C. 75dB　　D. 78dB

69. 根据《工业企业厂界环境噪声排放标准》，室内噪声测量时，室内测量点位设在距任一反射面至少 0.5m 以上、距地面 1.2m 高度处，在（　　）状态下测量。

A. 受噪声影响方向的窗户开启

B. 受噪声影响方向的窗户关闭

C. 未受噪声影响方向的窗户开启

D. 未受噪声影响方向的窗户关闭

70. 根据《建筑施工场界噪声限值标准》，各种打桩机在城市建筑施工时，噪声昼夜限值分别是（　　）。

A. 75dB（A）、禁止施工　　B. 85dB（A）、禁止施工

C. 75dB（A）、65dB（A）　　D. 85dB（A）、75dB（A）

71. 根据《社会生活环境噪声排放标准》，对于社会生活噪声排放源的测量结果，噪声测量值与背景噪声值相差（　　）时，噪声测量值不做修正。

A. ＞5dB（A）　　B. ＞8dB（A）

C. ＞10dB（A）　　D. ＞15dB（A）

72. 根据《土壤环境质量标准》，一般农田土壤环境质量应符合的类别是（　　）。

A. Ⅰ类　　B. Ⅱ类

C. Ⅲ类　　D. Ⅳ类

73. 根据《生活垃圾填埋场污染控制标准》，生活垃圾填埋场场址可选在（　　）。

A. 农业保护区

B. 山谷型填埋场

C. 供水远景规划区

D. 矿产资源储备区

74. 根据《生活垃圾填埋场污染控制标准》，生活污水处理厂污泥经处理后含水率小于（　　），可以进入生活垃圾填埋场填埋处置。

A. 50%　　B. 60%

C. 70%　　D. 80%

75. 根据《生活垃圾填埋场污染控制标准》，下列废物不可以直接进入生活垃圾填埋场填埋处置的是（　　）。

A. 由环境卫生机构收集或者自行收集的混合生活垃圾，以及企事业单位产生的办公废物

B. 生活垃圾焚烧炉渣（不包括焚烧飞灰）

C. 生活垃圾堆肥处理产生的固态残余物

D. 电子废物及其处理处置残余物

76. 根据《危险废物贮存污染控制标准》，危险废物贮存设施应位于居民中心区（　　）最大风频的下风向。

A. 近两年　　B. 近5年

C. 常年　　D. 近3年

77. 根据《危险废物贮存污染控制标准》，以下不符合危险废物贮存设施选址基本要求的是（　　）。

A. 区域地质结构稳定，地震烈度6度

B. 场界位于居民区1 000m外

C. 设施底部低于地下水最高水位1m

D. 位于居民中心区常年最大风频的下风向

78. 根据《危险废物贮存污染控制标准》，医院产生的临床废物，必须当日消毒，消毒后装入容器。常温下贮存期不得超过1d，于5℃以下冷藏的，不得超过（　　）。

A. 3d　　B. 5d

C. 7d　　D. 10d

79. 根据《危险废物填埋污染控制标准》，危险废物填埋场场址必须位于（　　）的洪水标高线以上，并在长远规划中的水库等人工蓄水设施淹没区和保护区之外。

A. 30年一遇　　B. 50年一遇

C. 80年一遇　　D. 100年一遇

80. 根据《危险废物焚烧污染控制标准》，在焚烧设施于正常状态下运行1h后，开始以1次/h的频次采集气样，每次采样时间不得低于（　　），连续采样三次，分别测定。

A. 30min　　B. 45min　　C. 40min　　D. 50min

二、不定项选择题（共20题，每题2分。每题的备选项中，至少有1个符合题意。多选、错选、少选均不得分）

81. 根据《建设项目环境影响评价技术导则　总纲》，环境影响因素识别可采用（　　）。

A. 类比法　　B. 矩阵法

C. 网络法　　D. 地理信息系统支持下的叠加图法

82. 根据《建设项目环境影响评价技术导则　总纲》，建设项目有多个建设方案、涉及环境敏感区或环境影响显著时，应重点从（　　）等方面进行建设方案环境比选。

A. 环境保护措施　　B. 环境制约因素

C. 环境影响程度　　D. 环境质量底线

83. 根据《建设项目环境影响评价技术导则　总纲》，按（　　）等划分各环境要素、各专题评价工作等级。

A. 所在地区的环境特征　　B. 环境功能区划

C. 相关法律法规　　D. 标准及规划

84. 根据《建设项目环境影响评价技术导则　总纲》，环境监测计划应包括（　　）。

A. 生态监测方案　　B. 环境跟踪监测计划

C. 污染源监测计划　　D. 环境质量监测计划

85. 根据《建设项目环境影响评价技术导则　总纲》，下列关于建设项目环境影响预测与评价因子确定的说法，正确的有（　　）。

A. 应包括反映建设项目特点的生态因子

B. 应包括反映区域环境质量状况的生态因子

C. 应包括反映建设项目特点的常规污染因子、特征污染因子

D. 应包括反映区域环境质量状况的主要污染因子、特殊污染因子

86. 根据《建设项目环境影响评价技术导则　总纲》，尚未划定环境功能区的区域，由地方人民政府环境保护主管部门确认各环境要素应执行的（　　）。

A. 环境质量标准

B. 执行的环境标准

C. 监测方法标准

D. 相应的污染物排放标准

87. 根据《建设项目环境影响评价技术导则　总纲》，污染影响因素分析时，遵循清洁生产的理念，从（　　）等方面，选择可能对环境产生较大影响的主要因素进行深入分析。

A. 建设项目工艺规模

B. 工艺的环境友好性

C. 工艺过程的主要产污节点

D. 末端治理措施的协同性

88. 根据《建设项目环境影响评价技术导则 总纲》，对影响程度大、范围广、历时长或涉及环境敏感区的作用因素和影响源，应关注（ ）等特有生态影响因素的分析。

A. 直接性影响

B. 区域性影响

C. 短期性影响

D. 累积性影响

89. 根据《环境影响评价技术导则 大气环境》，大气环境污染源排污概况调查的内容包括（ ）。

A. 在70%以上工况下，按分厂或车间逐一统计各有组织排放源和无组织排放源的主要污染物排放量

B. 在满负荷排放下，按分厂或车间逐一统计各有组织排放源和无组织排放源的主要污染物排放量

C. 对改扩建项目的主要污染物排放量应给出“三本账”

D. 对于毒性较大的污染物应估计其非正常排放量

90. 根据《环境影响评价技术导则 大气环境》，大气环境线源调查的内容包括（ ）。

A. 平均车速，各时段车流量、车型比例

B. 各种车型的污染物排放速率

C. 街道街谷高度

D. 各种车型排气口高度

91. 根据《环境影响评价技术导则 大气环境》，下列属于大气环境质量现状监测结果统计分析的要点的有（ ）。

A. 主要污染物浓度范围

B. 浓度与地面风向、风速的相关特点

C. 浓度季节变化规律

D. 日均值超标率

92. 根据《环境影响评价技术导则 大气环境》，关于补充地面气象观测的说法，正确的有（ ）。

A. 补充地面气象观测数据不可作为当地长期气象条件参与大气环境影响预测

B. 一级评价的补充观测应进行为期1年的连续观测

C. 二级评价的补充地面气象观测可选择有代表性的季节进行连续观测，观测期限应在2个月以上

D. 一级评价的补充地面气象观测应进行为期2年的连续观测

93. 根据《环境影响评价技术导则 地表水环境》，地表水环境影响评价工作级别划分的依据有（ ）。

A. 建设项目污水的排放量

B. 建设项目性质

C. 受纳水域的水质要求

D. 项目所在地环境特征

94. 根据《环境影响评价技术导则 地表水环境》，当受纳水域的环境保护要求较高，且

评价等级为一、二级时，水质参数调查除常规、特征参数外还应考虑（　　）。

A. 水生生物　　B. 陆生生物

C. 底质　　D. 水质用途

95. 依据《环境影响评价技术导则　地表水环境》，判别污水水质的复杂程度属于中等的依据，下列说法正确的有（　　）。

A. 只有1类污染物，且需预测其浓度的水质参数≥7

B. 含有3类污染物，且需预测其浓度的水质参数<10

C. 只有1类污染物，或需预测其浓度的水质参数≥7

D. 含有2类污染物，且需预测其浓度的水质参数<10

96. 根据《环境影响评价技术导则　声环境》，下列关于噪声测量时段的说法，正确的有（　　）。

A. 噪声测量应在声源正常运转的条件下测量

B. 噪声测量应在声源运行工况的条件下测量

C. 只需选取部分测点，分别进行昼、夜间的测量

D. 对于噪声起伏较大的情况，需测量其最大声级

97. 根据《环境影响评价技术导则　生态影响》，下列关于生态影响的防护、恢复与补偿原则的说法，正确的有（　　）。

A. 应按照避让、减缓、补偿和重建的次序提出生态影响防护与恢复的措施

B. 凡涉及不可替代、极具价值、极敏感、被破坏后很难恢复的敏感生态保护目标（如特殊生态敏感区、珍稀濒危物种）时，必须提出可靠的减缓措施或生态重建方案

C. 涉及采取措施后可恢复或修复的生态目标时，也应尽可能提出避让措施

D. 各项生态保护措施应按项目实施阶段分别提出，并提出实施时限和估算经费

98. 根据《建设项目环境风险评价技术导则》，环境风险评价中建设项目建设和运行期间可能发生的突发性事故（件）一般不包括（　　）。

A. 机械设备老化陈旧　　B. 生产状态超负荷

C. 人为破坏　　D. 自然灾害

99. 下列污染源不适用《大气污染物综合排放标准》的有（　　）。

A. 恶臭物质　　B. 工业炉窑

C. 火电厂　　D. 水泥厂

100. 根据《建筑施工场界环境噪声排放标准》，关于场界噪声的测量，说法错误的有（　　）。

A. 测量应在无雨雪、无雷电天气，风速为5m/s以下时进行

B. 测点应设在对噪声敏感建筑物影响较大、距离适中的位置

C. 施工期间，测量连续10min的等效声级，夜间同时测量最大声级

D. 背景噪声测量，稳态噪声测量1min的等效声级，非稳态噪声测量20min的等效声级

押题模拟试卷（四）

一、单项选择题（共80题，每题1分。每题的备选项中，只有1个最符合题意）

1. 下列关于环境质量标准和污染物排放标准的说法，正确的是（　　）。

A. 国家污染物排放标准的级别与环境质量功能区类别不一定一一对应

B. 国家污染物排放标准的级别与环境质量功能区类别一一对应

C. 污染物排放标准的制定是以区域为依据

D. 污染物排放标准都是分类的，分别对应于相应的环境功能区，处在高功能区的污染源执行严格的排放限值；反之，则相反

2. 根据《建设项目环境影响评价技术导则　总纲》，建设项目环境保护措施的可行性验证内容不包括（　　）。

A. 拟采取措施的长期稳定运行和达标排放的可靠性

B. 拟采取措施的技术可行性和经济合理性

C. 生态保护和恢复效果的可达性

D. 拟采取措施的清洁生产水平

3. 根据《建设项目环境影响评价技术导则　总纲》，应结合（　　），筛选确定评价因子。

A. 环境保护目标

B. 建设项目特点

C. 特征污染物

D. 区域环境功能要求、环境保护目标、评价标准和环境制约因素

4. 根据《建设项目环境影响评价技术导则　总纲》，环境影响评价方法的选取应采用（　　）。

A. 定量评价

B. 定性评价

C. 定量评价与定性评价相结合的方法，以量化评价为主

D. 定量评价与定性评价相结合的方法，以定性评价为主

5. 根据《建设项目环境影响评价技术导则　总纲》，在生态影响因素分析中，分析重点为影响程度大、范围广、历时长或涉及环境敏感区的（　　）。

A. 作用因素和影响源　　B. 区域性影响

C. 间接性影响　　D. 累积性影响

6. 根据《建设项目环境影响评价技术导则　总纲》，对于环境质量不符合环境功能要求或环境质量改善目标的，应结合（　　）对环境质量变化进行预测。

A. 所在区域发展规划　　B. 区域限期达标规划

C. 环境功能区划　　D. 生态功能区划

7. 根据《环境影响评价技术导则　大气环境》，下列关于大气环境质量现状监测制度的

表述，不正确的是（　　）。

A. 一级评价项目不得少于 2 期（夏季、冬季）监测

B. 一级评价项目不得少于 2 期（夏季、秋季）监测

C. 二级评价项目可取 1 期不利季节监测，必要时也应作 2 期监测

D. 三级评价项目必要时可作 1 期监测

8. 根据《环境影响评价技术导则　大气环境》，最大地面浓度占标率的计算公式中，如果 GB 3095 中没有小时浓度限值的污染物，则 c_{0i} 可取（　　）。

A. 年平均浓度限值　　B. 日平均浓度限值

C. 日平均浓度限值的 2 倍值　　D. 日平均浓度限值的 3 倍值

9. 根据《环境影响评价技术导则　大气环境》，大气环境评价等级划分是结合项目的初步工程分析结果，选择正常排放的主要污染物及排放参数，采用估算模式计算（　　），然后按评价工作分级判据进行分级。

A. 各污染物的最大影响程度和最近影响范围

B. 各污染物的最小影响程度和最近影响范围

C. 各污染物的最大影响程度和最远影响范围

D. 各污染物的最小影响程度和最远影响范围

10. 根据《环境影响评价技术导则　大气环境》，对于以城市快速路、主干路等城市道路为主的新建、扩建项目，应考虑交通线源对道路两侧的环境保护目标的影响，大气环境影响评价等级应不低于（　　）。

A. 一级

B. 二级

C. 三级

D. 根据污染源的最大地面质量浓度占标率确定

11. 根据《环境影响评价技术导则　大气环境》，某建设项目排放两种大气污染物，经计算 A 污染物的最大地面浓度占标率 P_i 为 8%，$D_{10\%}$ 为 3km，B 污染物的最大地面浓度占标率 P_i 为 9%，$D_{10\%}$ 为 2km，则该项目的大气环境评价等级为（　　）。

A. 一级　　B. 二级

C. 三级　　D. 一级或二级

12. 根据《环境影响评价技术导则　大气环境》，大气评价等级的确定是根据项目的初步工程分析结果，选择 1～3 种主要污染物，分别计算每一种污染物的最大地面浓度占标率 P_i 及第 i 个污染物的地面浓度达标准限值（　　）时所对应的最远距离（　　）。

A. 50%，$D_{50\%}$　　B. 50%，$D_{10\%}$

C. 10%，$D_{10\%}$　　D. 10%，$D_{50\%}$

13. 根据《环境影响评价技术导则　大气环境》，大气环境污染源排污概况调查时，对于周期性排放的污染源，应给出周期性排放系数。周期性排放系数取值为（　　）。

A. 0～1　　B. 1～2

C. 1～3　　D. 1～5

14. 根据《环境影响评价技术导则　大气环境》，大气环境现状监测布点原则是在评价区内按（　　）布点。

A. 同心圆法　　B. 网格法

C. 环境功能区法　　D. 极坐标布点法

15. 根据《环境影响评价技术导则　大气环境》，某项目属于高耗能行业，有两个污染源，对于其评级等级的判定，下列说法错误的是（　　）。

A. 一级　　B. 二级

C. 一级或二级　　D. 三级

16. 根据《环境影响评价技术导则　大气环境》，大气环境影响预测分析与评价时，需叠加现状背景值，分析项目建成后最终的区域环境质量状况，下列公式正确的是（　　）。

A. 新增污染源预测值＋现状监测值－削减污染源计算值（如果有）＋被取代污染源计算值（如果有）＝项目建成后最终的环境影响

B. 新增污染源预测值＋现状监测值＋削减污染源计算值（如果有）－被取代污染源计算值（如果有）＝项目建成后最终的环境影响

C. 新增污染源预测值＋现状监测值＝项目建成后最终的环境影响

D. 新增污染源预测值＋现状监测值－削减污染源计算值（如果有）－被取代污染源计算值（如果有）＝项目建成后最终的环境影响

17. 根据《环境影响评价技术导则　大气环境》，评价范围≥50km 的一级评价项目，可选择（　　）进行预测。

A. 估算模式

B. AERMOD 模式

C. ADMS 模式

D. CALPUFF 模式

18. 根据《环境影响评价技术导则　大气环境》，二级评价项目大气环境监测点布置以监测期间所处季节的主导风向为轴向，取上风向为 0°，至少在约 0°、（　　）、（　　）、270°方向上各设置 1 个监测点，主导风向下风向应加密布点。

A. 60°，240°　　B. 120°，240°

C. 60°，180°　　D. 90°，180°

19. 根据《环境影响评价技术导则　地表水环境》，向某小型封闭海湾排放水的工业项目，在确定环境现状调查范围时，主要考虑的因素是（　　）。

A. 污水排放量　　B. 海湾面积

C. 海岸线长度　　D. 污水排放周期

20. 根据《环境影响评价技术导则　地表水环境》，水环境点源调查的原则应以（　　）为主。

A. 类比调查

B. 搜集现有资料

C. 现场测试

D. 现场调查

21. 根据《环境影响评价技术导则　地表水环境》，一般情况下，水域布设取样断面在拟建排污口上游（　　）处应设置一个。

A. 500m　　B. 400m

C. 300m　　D. 200m

22. 根据《环境影响评价技术导则　地表水环境》，某水库平均水深 8m，水域面积为 $30km^2$，其水域规模为（　　）。

A. 大水库　　B. 中型水库

C. 小型水库　　D. 一般水库

23. 根据《环境影响评价技术导则　地表水环境》，某河平水期平均流量为 $120m^3/s$，二级评价，不需要预测混合过程段水质，河流断面形状近似矩形，河宽 60m，水深 4.2m，在取样断面上每次应取（　　）分析。

A. 6 个水样　　B. 3 个水样

C. 2 个混合水样　　D. 1 个混合水样

24. 根据《环境影响评价技术导则　地表水环境》，水质调查时，选择水质参数包括两类：一类是常规水质参数，它能反映（　　）的一般状况；另一类是特征水质参数，它能代表（　　）。

A. 建设项目将来正常生产状况下排放水质，建设项目将来非正常生产中排放的水质

B. 建设项目将来正常生产状况下排放水质，水域水质

C. 水域水质，建设项目将来非正常生产中排放

D. 水域水质，建设项目将来排放的水质

25. 根据《环境影响评价技术导则　地表水环境》，预测范围内的河段可以分为（　　）。

A. 排污口上游段、混合过程段和充分混合段

B. 完全充分混合段、部分充分混合段和混合初始段

C. 完全混合过程段、混合过程段和混合下游河段

D. 排污口上游段、充分混合段和下游河段

26. 根据《环境影响评价技术导则　地表水环境》，水深＞10m 且分层期＞（　　）的湖泊、水库可视为分层湖库。

A. 20d　　B. 30d

C. 35d　　D. 40d

27. 根据《环境影响评价技术导则　地表水环境》，某类污水污染物类型为 1，需预测其浓度的水质参数为 6，这类污水水质程度属于（　　）。

A. 复杂　　B. 中等

C. 简单　　D. 一般

28. 某项目向附近湖泊间断排放污水，根据《环境影响评价技术导则　地表水环境》，则该混合过程段可选用的水质预测数学模式为（　　）。

A. 解析模式　　B. 动态数值模式

C. 一维稳态数值模式　　D. 三维稳态数值模式

29. 根据《环境影响评价技术导则　地表水环境》，某河流与河口附近河段的平水期平均流量为 $120m^3/s$，其水域规模属于（　　）。

A. 特大河　　B. 大河

C. 中河　　D. 小河

30. 根据《环境影响评价技术导则　地表水环境》，如某些建设项目（如冶炼、火力发电、初级建筑材料的生产）露天堆放的原料、燃料、废渣、废弃物较多，这种情况应预测其（　　）的环境影响。

A. 堆积物面源　　B. 水土流失面源

C. 降尘面源　　D. 烟尘面源

31. 根据《环境影响评价技术导则　地表水环境》，地表水环境评价时，如受纳水域的实际功能与该标准的水质分类不一致时，由（　　）对其水质提出具体要求。

A. 国家环保部门　　B. 地方环保部门

C. 地方政府　　D. 国务院

32. 根据《环境影响评价技术导则　地下水环境》，某Ⅱ类建设项目拟建在某水土流失重点防治区内，污水排放量为 $1\,000m^3/d$，引起地下水位变化影响半径为 100m，该项目评价工作等级为（　　）。

A. 一级　　B. 二级

C. 三级　　D. 不能确定

33. 根据《环境影响评价技术导则　地下水环境》，对于Ⅱ类建设项目地下水环境现状调查与评价的范围应特别关注（　　）。

A. 水文地质单元的完整性　　B. 相关的环境保护目标和敏感区域

C. 水文地质复杂程度　　D. 地下水位变化情况

34. 根据《环境影响评价技术导则　地下水环境》，Ⅱ类建设项目地下水环境影响预测时，对工程可行性研究和评价中提出的不同选址（选线）方案或不同开采方案等所引起的（　　）分别进行预测。

A. 地下水水质变化及影响范围　　B. 地下水水量变化及影响范围

C. 地下水水位变化及影响范围　　D. 地下水水位变化

35. 根据《环境影响评价技术导则　声环境》，建设项目既拥有固定声源，又拥有流动声源时，应（　　）。

A. 只进行固定声源环境影响评价　　B. 只进行流动声源环境影响评价

C. 分别进行噪声环境影响评价　　D. 只进行叠加环境影响评价

36. 根据《环境影响评价技术导则　声环境》，运行期声源为固定声源时，（　　）作为环境影响评价时段。

A. 固定声源投产运行前　　B. 固定声源投产运行中

C. 固定声源施工后　　D. 固定声源投产运行后

37. 根据《环境影响评价技术导则　声环境》，某新建的中型建设项目，所在的声环境功能区为3类区，建设前后对评价范围内的商场噪声级增高量为7～9dB（A），对评价范围内的居住区噪声级增高量为3～4dB（A），此建设项目声环境影响应按（　　）进行工作。

A. 一级评价　　　　B. 二级评价

C. 三级评价　　　　D. 二级或三级评价

38. 根据《环境影响评价技术导则　声环境》，对于交通噪声，一般以（　　）为评价量。

A. 声功率级　　　　B. A声级

C. 等效连续A声级　　　　D. A计权声功率级

39. 根据《环境影响评价技术导则　声环境》，对于一级声环境评价项目，当敏感目标（　　）建筑时，应绘制垂直方向的等声级线图。

A. 高于（含）2层　　　　B. 高于（不含）3层

C. 高于（含）3层　　　　D. 高于（含）4层

40. 根据《环境影响评价技术导则　声环境》，累计百分声级用于评价测量时间段内噪声强度时间统计分布特征的指标，指占测量时间段一定比例的累积时间内A声级的最小值，下列选项中相当于噪声的平均本底值的是（　　）。

A. L_{10}　　B. L_{50}　　C. L_{90}　　D. L_n

41. 根据《环境影响评价技术导则　声环境》，对于三条跑道改、扩建机场工程，测点数量可分别布设（　　）飞机噪声测点。

A. 1～4个　　　　B. 9～14个

C. 12～18个　　　　D. 3～9个

42. 根据《环境影响评价技术导则　声环境》，进行敏感目标噪声环境影响评价时，以（　　）作为评价量。

A. 敏感目标背景噪声值

B. 敏感目标所受的噪声贡献值

C. 敏感目标所受的噪声贡献值与背景噪声值叠加后的预测值

D. 敏感目标所受的噪声原始值

43. 根据《环境影响评价技术导则　生态影响》，生态影响评价应能够充分体现（　　），涵盖评价项目全部活动的直接影响区域和间接影响区域。

A. 区域可持续发展　　　　B. 区域的生态敏感性

C. 生态完整性　　　　D. 生态功能性

44. 根据《环境影响评价技术导则　生态影响》，（　　）评级的生态现状调查应给出采样地样方实测、遥感等方法测定的生物量、物种多样性等数据，给出主要生物物种名录、受保护的野生动植物物种等调查资料。

A. 一级　　　　B. 二级

C. 三级　　　　D. 一级和二级

45. 根据《环境影响评价技术导则　生态影响》，生态背景调查受保护的生物物种时，如涉及（　　）保护物种、珍稀濒危物种和地方特有物种时，应逐个或逐类说明其类型、分布、保护级别、保护状况等。

A. 县级以上（含）　　B. 市级以上（含）

C. 国家级　　D. 国家级和省级

46. 根据《环境影响评价技术导则　生态影响》，工程分析的重点不包括（　　）。

A. 可能产生重大生态影响的工程行为。

B. 与特殊生态敏感区和重要生态敏感区有关的工程行为。

C. 可能产生间接、累积生态影响的工程行为。

D. 可能造成大量资金投入的工程行为。

47. 根据《环境影响评价技术导则　生态影响》，对各种替代方案进行生态可行性论证后，最终选定的方案至少应该是（　　）。

A. 生态影响最小　　B. 投资估算最少的方案

C. 工程量最少的方案　　D. 生态保护可行的方案

48. 根据《规划环境影响评价技术导则　总纲》，资源利用上限提出的分区域分阶段的资源开发利用管控要求不包括（　　）。

A. 总量　　B. 价值

C. 强度　　D. 效率

49. 根据《规划环境影响评价技术导则　总纲》，规划实施生态环境压力分析不包括（　　）。

A. 评估不同情景下水资源面积的变化量

B. 评估不同情景下重要生境面积的变化量

C. 估算不同情景下土地资源的需求量和主要污染物的产生量、排放量

D. 估算不同情景下能源的需求量和主要污染物的产生量、排放量

50. 根据《规划环境影响评价技术导则　总纲》，资源与环境承载力分析不包括（　　）。

A. 分析规划实施支撑性资源可利用上线

B. 分析规划实施主要环境影响要素污染物允许排放量

C. 分析各评价时段剩余污染物允许排放量

D. 分析规划实施对各评价时段剩余可利用资源量的占用情况

51. 根据《规划环境影响评价技术导则　产业园区》，产业园区规划环境影响评价协同联动的原则不包括（　　）。

A. 衔接区域生态环境分区管控成果

B. 细化产业园区环境准入

C. 引导产业园区生态化、低碳化、绿色化发展

D. 指导建设项目环境准入及其环境影响评价内容简化

52. 根据《规划环境影响评价技术导则　产业园区》，环境风险与管理现状调查中，不需要重点关注的是（　　）。

A. 环境风险物质　　B. 环境风险受体

C. 环境风险分布　　　　　　　　　　D. 环境风险防控

53. 根据《建设项目环境风险评价技术导则》，环境风险评价工作级别判定依据是（　　）。

A. 行业特点、重大危险源判定结果以及环境敏感程度

B. 环境敏感程度、贮存危险性物质数量以及物质危险性

C. 环境敏感程度、重大危险源判定结果以及物质危险性

D. 物质危险性、重大危险源判定结果以及贮存危险性物质数量

54. 根据《建设项目环境风险评价技术导则》，环境风险评价的目的是分析和预测建设项目存在的潜在危险、有害因素，建设项目（　　）可能发生的突发性事件或事故，引起有毒有害和易燃易爆等物质泄漏，所造成的人身安全与环境影响和损害程度，提出合理可行的防范、应急与减缓措施，以使建设项目事故率、损失和环境影响达到可接受水平。

A. 建设期间　　　　　　　　　　　　B. 运行期间

C. 建设、运行、退役期间　　　　　　D. 建设和运行期间

55. 根据国家建设项目环境保护分类管理的规定，填报环境影响登记表的建设项目，应（　　）。

A. 填写建设项目竣工环境保护验收登记表

B. 编制建设项目竣工环境保护验收报告表

C. 填写建设项目竣工环境保护验收登记卡

D. 填写建设项目竣工环境保护验收备案表

56. 根据《建设项目竣工环境保护验收技术规范　生态影响类》，以下表述符合验收调查标准确定原则的是（　　）。

A. 只需按现行的环境保护标准进行验收调查

B. 按环境影响评价文件批复后颁布的标准进行验收调查

C. 按环境影响评价文件规定的标准验收调查，不用考虑现行标准

D. 现阶段暂时还没有标准的可按实际调查给出结果

57. 根据《建设项目竣工环境保护验收技术规范　生态影响类》，对于水利水电项目、输变电工程、油气开发工程（含集输管线）、矿山采选验收调查时，按（　　）执行。

A. 行业特征

B. 工况稳定、生产负荷达到近期预测生产能力 75%以上的情况下

C. 工况稳定、生产负荷达到近期预测生产能力 70%以上的情况下

D. 地方环境保护标准

58.《建设项目竣工环境保护验收技术规范　生态影响类》规定了生态影响类建设项目竣工环境保护验收调查（　　）的编制要求。

A. 实施方案和调查报告

B. 总体要求、实施方案和调查报告

C. 验收调查运行工况要求、验收调查重点、验收调查标准的确定原则

D. 验收调查的工作程序、验收调查重点、验收调查时段划分和验收标准确定的原则

59. 根据《建设项目竣工环境保护验收技术规范　生态影响类》，涉及范围区域较大、人力勘察较为困难或难以到达的建设项目，其生态影响调查的方法往往采用（　　）。

A. 文件资料调查　　B. 现场勘察

C. 公众意见调查　　D. 遥感调查

60. 据《环境空气质量标准》，环境空气二氧化氮（NO_2）的手工监测分析方法是（　　）。

A. 盐酸萘乙二胺分光光度法　　B. 化学发光法

C. 紫外荧光法　　D. Saltzman 法

61. 排气筒中废气的采样是以连续 1h 的采样获取平均值，或在 1h 内以（　　）采集 4 个样品，并计平均值。

A. 昼间　　B. 夜间

C. 任意时间间隔　　D. 等时间间隔

62. 现行《大气污染物综合排放标准》对排气筒的高度作了相应的规定。两个排放相同污染物的排气筒，若其距离小于其几何高度之和的（　　），应合并视为一根等效排气筒。

A. 1.5 倍　　B. 1 倍　　C. 3 倍　　D. 2 倍

63. 《地表水环境质量标准》基本项目中，化学需氧量的监测分析方法是（　　）。

A. 稀释与接种法　　B. 纳氏试剂比色法

C. 重铬酸盐法　　D. 碘量法

64. 下列各海域功能区中，执行《海水水质标准》第三类的区域是（　　）。

A. 海洋开发作业　　B. 与人类食用直接有关的工业用水区

C. 一般工业用水区　　D. 海洋港口水域

65. 以下污水适用《污水综合排放标准》的是（　　）。

A. 造纸厂污水　　B. 染整厂污水

C. 磷肥厂污水　　D. 炼油厂污水

66. 根据《声环境质量标准》，某改扩建的中型建设项目，位于乡村的康复疗养区，在其拟建地周围 50m 内有一居住村庄，此建设项目声环境影响应按（　　）进行工作。

A. 一级评价　　B. 二级评价

C. 三级评价　　D. 四级评价

67. 根据《声环境质量标准》，4a 类声环境功能区执行的环境噪声昼夜标准值分别是（　　）。

A. 70dB（A）、55dB（A）　　B. 65dB（A）、55dB（A）

C. 70dB（A）、60dB（A）　　D. 60dB（A）、50dB（A）

68. 根据《声环境质量标准》，各类声环境功能区夜间突发的噪声，其最大值不准超过标准值（　　）。

A. 10dB（A）　　B. 25dB（A）　　C. 20dB（A）　　D. 15dB（A）

69. 《声环境质量标准》中规定位于乡村区域的集镇执行（　　）声环境功能区要求。

A. 0 类　　B. 1 类　　C. 2 类　　D. 3 类

70. 根据《工业企业厂界环境噪声排放标准》，当一固定设备排放的噪声通过建筑物结构传播至2类声环境功能区内的某一住宅卧室内时，该卧室内等效声级夜间不能超过（　　）。

A. 30dB（A）　B. 35dB（A）　C. 40dB（A）　D. 45dB（A）

71. 《建筑施工场界环境噪声排放标准》适用于（　　）建筑施工噪声排放的管理、评价及控制。

A. 周围有噪声敏感建筑物的　B. 抢修施工过程中

C. 抢险施工过程中　D. 所有

72. 根据《社会生活环境噪声排放标准》，某电影院附近10m处有一所医院，则该电影院执行的昼夜噪声排放限值分别是（　　）。

A. 55dB（A）、45dB（A）　B. 50dB（A）、40dB（A）

C. 60dB（A）、50dB（A）　D. 65dB（A）、55dB（A）

73. 根据《社会生活环境噪声排放标准》，某社会生活噪声排放源测量值为60.1dB，背景噪声值为55.1dB，则噪声测量值修正后为（　　）。

A. 58.1dB（A）　B. 60.1dB（A）

C. 55.1dB（A）　D. 59.1dB（A）

74. 根据《土壤环境质量标准》，Ⅲ类土壤环境质量基本上（　　）。

A. 对植物和环境有少量危害和污染　B. 保持自然背景高水平

C. 对植物和环境不造成危害和污染　D. 保持自然背景水平

75. 根据《生活垃圾填埋场污染控制标准》，下列废物可以直接进入生活垃圾填埋场填埋处置的是（　　）。

A. 电子废物

B. 企事业单位产生的办公废物

C. 医疗废物焚烧残渣（包括飞灰、底渣）

D. 禽畜养殖废物

76. 根据《生活垃圾填埋场污染控制标准》，拟建生活垃圾填埋场有可靠防洪设施的山谷型填埋场，并经过环境影响评价证明（　　）对生活垃圾填埋场的环境风险在可接受范围内。

A. 地震　B. 泥石流　C. 火灾　D. 洪水

77. 根据《生活垃圾填埋场污染控制标准》，生活垃圾填埋场的填埋工作面上2m以下高度范围内，甲烷的体积百分比应（　　）。

A. 不大于0.1%　B. 不小于0.2%

C. 不大于0.5%　D. 不大于1.0%

78. 根据《危险废物贮存污染控制标准》，危险废物贮存设施的基础必须防渗，防渗层为至少（　　）厚黏土层。

A. 1m　B. 2m　C. 3m　D. 1.5m

79. 根据《危险废物填埋污染控制标准》，危险废物填埋场场址必须有足够大的可使用面积以保证填埋场建成后具有（　　）或更长的使用期，在使用期内能充分接纳产生的危险废物。

A. 10 年　　B. 20 年　　C. 30 年　　D. 40 年

80. 根据《危险废物焚烧污染控制标准》，危险废物焚烧厂不允许建在（　　）主导风向的上风向地区。

A. 农业区　　B. 商业区　　C. 工业区　　D. 居民区

二、不定项选择题（共 20 题，每题 2 分。每题的备选项中，至少有 1 个符合题意。多选、错选、少选均不得分）

81. 根据《建设项目环境影响评价技术导则　总纲》，对于区域污染源调查，其主要调查对象包括（　　）。

A. 建设项目常规污染因子

B. 建设项目特征污染因子

C. 影响评价区环境质量的主要污染因子

D. 影响评价区环境质量的特殊污染因子

82. 根据《建设项目环境影响评价技术导则　总纲》，环境保护目标调查内容应包括（　　）。

A. 评价范围内环境功能区划

B. 主要环境保护目标的污染源

C. 环境保护目标的地理位置、服务功能和四至范围

D. 环境保护目标的保护对象和保护要求

83. 根据《建设项目环境影响评价技术导则　总纲》，现状监测和观测网点应根据各环境要素环境影响评价技术导则要求布设，兼顾（　　）。

A. 均布性原则　　B. 代表性原则

C. 典型性原则　　D. 适用性原则

84. 根据《建设项目环境影响评价技术导则　总纲》，环境影响预测与评价的时段、内容及方法均应根据（　　）确定。

A. 工程特点与环境特性　　B. 评价工作等级

C. 当地的环境保护要求　　D. 环境质量现状

85. 根据《建设项目环境影响评价技术导则　总纲》，当建设项目排放污染物对环境存在累积影响时，应明确累积影响的影响源，分析项目实施可能发生累积影响的（　　），预测项目实施在时间和空间上的累积环境影响。

A. 条件　　B. 周期

C. 强度　　D. 途径

86. 根据《建设项目环境影响评价技术导则　总纲》，对存在环境风险的建设项目，应（　　）。

A. 分析环境风险源项　　B. 计算环境风险后果

C. 识别环境风险因素　　D. 开展环境风险评价

87. 根据《建设项目环境影响评价技术导则　总纲》，环境保护投入应包括（　　）。

A. 为预防和减缓建设项目不利环境影响而采取的各项环境保护措施和设施的建设费用

B. 为预防和减缓建设项目不利环境影响而采取的各项环境保护措施和设施的运行维护费用

C. 直接为建设项目服务的环境管理与监测费用

D. 直接为建设项目服务的相关科研费用

88. 根据《建设项目环境影响评价技术导则　总纲》，环境管理与监测计划中，提出建立（　　），明确各项环境保护设施和措施的建设、运行及维护费用保障计划。

A. 组织机构　　B. 岗位职责

C. 日常环境管理制度　　D. 环境管理台账相关要求

89. 根据《环境影响评价技术导则　大气环境》，大气环境评价工作等级的确定是根据（　　）确定。

A. 最大地面浓度占标率 P_i　　B. 等标排放量

C. 最远距离 $D_{10\%}$　　D. 环境空气敏感区的分布

90. 根据《环境影响评价技术导则　大气环境》，下列属于大气一级评价项目点源调查的统计内容的有（　　）。

A. 排气筒几何高度及出口外径

B. 烟气出口速度

C. 毒性较大物质正常排放量

D. 各主要污染物正常排放量

91. 根据《环境影响评价技术导则　大气环境》，下列关于环境空气质量现状监测结果统计分析内容，说法正确的有（　　）。

A. 分析重污染时间分布情况及其影响因素

B. 分析大气污染物浓度的日变化规律

C. 分析大气污染物浓度与地面风向、风速等气象因素及污染源排放的关系

D. 给出各监测点大气污染物的不同取值时间的浓度变化范围

92. 根据《环境影响评价技术导则　大气环境》，二级评价项目预测内容至少包括（　　）。

A. 全年逐时或逐次小时气象条件下，环境空气保护目标处的地面浓度

B. 全年逐时或逐次小时气象条件下，网格点处的地面浓度

C. 全年逐时或逐次小时气象条件下，评价范围内的最大地面小时浓度

D. 对于施工期超过 1 年的项目，并且施工期排放的污染物影响较大，应预测施工期间的大气环境质量

93. 根据《环境影响评价技术导则　大气环境》，下列不属于三级评价项目大气污染源调查内容的有（　　）。

A. 估算毒性较大的污染物的非正常排放量

B. 点源调查

C. 按生产工艺流程或分厂、车间分别绘制污染流程图

D. 在满负荷排放下，按分厂或车间逐一统计各有组织排放源和无组织排放源的主要污染物排放量

94. 根据《环境影响评价技术导则　地表水环境》，下列关于河流的简化要求，说法正确的有（　　）。

A. 大、中河流预测河段的断面形状沿程变化较大时，可以分段考虑

B. 小河可以简化为矩形平直河流

C. 江心洲位于充分混合段，评价等级为一级时，可以按无江心洲对待

D. 大、中河流断面上水深变化很大且评价等级为一级时，可以视为非矩形河流

95. 根据《环境影响评价技术导则　地下水环境》，地面水水质参数所选择的常规参数根据（　　）可适当删减。

A. 水域规模　　B. 水域类别

C. 评价等级　　D. 污染源状况

96. 根据《环境影响评价技术导则　生态影响》，生态影响预测与评价的常用方法包括（　　）。

A. 生物多样性评价法　　B. 矩阵法

C. 系统分析法　　D. 类比分析法

97. 根据《建设项目环境风险评价技术导则》，在制定风险防范措施时，厂区总平面布置要符合防范事故要求，设有（　　）。

A. 应急救援设施　　B. 应急救援通道

C. 防火、防爆、防中毒处理系统　　D. 防腐方案

98. 根据《建设项目竣工环境保护验收技术规范　生态影响类》，建设项目环境敏感目标调查，应调查其（　　）。

A. 规模　　B. 地理位置

C. 所属管辖行政区　　D. 所处环境功能区及保护

99. 根据《环境空气质量标准》，下列关于 SO_2、CO 平均浓度数据统计的有效性的说法，正确的有（　　）。

A. 日均值每日至少 12h 的采样时间

B. 小时平均值每小时至少有 45min 的采样时间

C. 日均值每日至少 20h 的采样时间

D. 小时平均值每小时至少有 40min 的采样时间

100. 下列污染源适用《大气污染物综合排放标准》的有（　　）。

A. 火炸药厂　　B. 摩托车

C. 汽车　　D. 石棉生产厂